Hans Ruesch

DIE FÄLSCHER DER WISSENSCHAFT

Technischer Rapport

4. Auflage

Edition Hirthammer München

Weltweite Dokumente, welche die totale unverzügliche Abschaffung aller Tierversuche fordern (alle Hirthammer Verlag, München):

Hans Ruesch, **Nackte Herrscherin.** Entkleidung der medizinischen Wissenschaft (in Leinen gebunden und broschiert), 3. Auflage.

Hans Ruesch, **Die Fälscher der Wissenschaft.** Technischer Rapport, 120 Bilddokumente, 4. Auflage.

Hans Ruesch, **Die Pharma-Story** – der GROSSE Schwindel, 3. Auflage.

Ruesch/Fliegel, **1000 Ärzte gegen Tierversuche.**

Herbert und Margot Stiller, **Tierversuch und Tierexperimentator,** 5. Auflage.

Herbert Stiller, **Die herzlose Wissenschaft.**

Pietro Croce, **Tierversuch oder Wissenschaft – eine Wahl.**

S. Delarue, G. Buchwald, **Impfungen – der unglaubliche Irrtum.** Eine grundlegende Studie über Impfungen aus weltweiter Forschung und Literatur, 2. Auflage.

Aufklärungs- und Mitarbeitermaterial:

Hans Ruesch, **Die moderne Barbarei.** 40 S. Fotodokumente mit Kurztext.

Mitarbeiterhefte **NEIN ZUM TIER-KZ-GESETZ.** 16 Seiten Fotos mit Kurztext.

Aufklärungs- und Mitarbeiterhefte **Tierversuche.** Jedes Heft 8 Seiten, 10 x 21 cm.
Heft Nr. 1: Tierversuch – Wissenschaft oder Verbrechen?
Heft Nr. 2: Das Alibi-Gesetz.

Aufkleber TIERVERSUCHE NEIN! Gefährliche Medizin ohne Ethik.

Stempel:

DAS ELEND DER MENSCHEN
WIRD SOLANGE DAUERN,
WIE DER JAMMER DER TIERE
ZUM HIMMEL SCHREIT.

ISBN 3-921288-53-3

Inhalt

1. Teil: Die Irrlehre ... 7

2. Teil: Das Internationale CHAV-Kombinat ... 22

3. Teil: Gehirnwäsche ... 42

4. Teil: Die Rebellion ... 65

5. Teil: Schlußwort ... 73

6. Teil: Mediziner gegen Tierversuche ... 76

7. Teil: Bildanhang ... 81

In den pseudowissenschaftlichen Laboratorien
der ganzen Welt
werden täglich
weit über 300 000 Tiere zu Tode gefoltert.

90 Millionen im Jahr in den USA
14 Millionen im Jahr in der Bundesrepublik Deutschland
5,5 Millionen im Jahr in Großbritannien
3 Millionen im Jahr in der kleinen Schweiz
(höchster Verbrauch auf der Welt im Verhältnis zur Bevölkerung)

Es ist nicht nur tragisch sondern auch empörend, daß sich die Arzneimittelhersteller immer noch darauf berufen, ihre Mittel seien im Tierversuch »wissenschaftlich geprüft« worden und deshalb frei von schädlichen Nebenwirkungen – und daß die Gesundheitsbehörden diesem Betrug Vorschub leisten. Dabei wissen die einen ebenso gut wie die anderen, daß Tierversuche lediglich eine Alibi-Funktion haben, für den Fall nämlich, daß die Schädlichkeit des Medikaments eines Tages nicht mehr vertuscht werden kann. Dann können sie sagen, daß alle »behördlich vorgeschriebenen Tests« gemacht worden sind – wobei sie verschweigen, daß diese Tests von ihnen selbst dem Gesetzgeber diktiert wurden; denn der Gesetzgeber muß sich in medizinischen Angelegenheiten vor den sogenannten Fachleuten beugen: und das sind eben die Dirigenten des Chemie- und des Ärzte-Syndikats, mit denen die sogenannten obersten Gesundheitsbehörden so eng kollaborieren, daß sie oft nicht voneinander zu unterscheiden sind; und vielfach *sind sie* die Oberste Gesundheitsbehörde, und somit sind sie auch »der Gesetzgeber«.

In Wirklichkeit sind diese Wissenschaftler von eigenen Gnaden, die den Tierversuch als dogmatischen Maßstab festgesetzt haben, Falschmünzer der Wissenschaft, die nicht nur der Volkswirtschaft, sondern auch der Volksgesundheit unermeßlichen Schaden zufügen.

Dies nachzuweisen ist der Zweck dieser Schrift.

1. Teil: Die Irrlehre

Aberglaube

Jeder Mensch, der für ein Tier sorgt, wird früher oder später durch einen Veterinär oder aus eigener Erfahrung eine Grundregel lernen: man darf ein krankes Tier nur in seltenen Fällen mit einer Humanmedizin behandeln. Das Tier kann daran sterben.

Was bedeutet das? Ganz eindeutig, daß der tierische Organismus anders als der des Menschen reagiert; was dem einen bekommt, kann für den andern sogar tödlich sein. Dennoch sind selbst Leute, die diese Regel kennen, durchaus fähig zu erklären: »Da man neue Medikamente ausprobieren muß, soll man sie lieber an Tieren ausprobieren« und glauben sogar, damit einen vernünftigen und humanitären Gedanken ausgesprochen zu haben; vor allem, weil sie wissen, daß die große Mehrzahl diese Meinung teilt. Aber in Wirklichkeit setzt sie zwei Mißverständnisse voraus:

erstens, daß wir immer weiter neue Medikamente brauchen;

zweitens, daß Tierversuche uns Aufschluß über Wirkung und Sicherheit eines neuen Mittels geben können.

Dieses Dogma ist zielbewußt und mit erstaunlichem Erfolg vom Kindesalter an durch eine intensive Gehirnwäsche seitens der interessierten Parteien dem Volke eingeflößt worden, und daran halten nun die meisten gedankenlos fest wie an einem Aberglauben oder an einer religiösen Lehre, gegen Logik und Vernunft gefeit, denn »Was das Volk ohne Gründe einst glauben lernte, wer könnte ihm durch Gründe das – umwerfen?« (Nietzsche).

Aber nicht nur gibt es schon seit Jahren viel zu viele (und immer schädlichere) Arzneimittel, sondern die Tierversuche sind wegen ihrer Wertlosigkeit in erster Linie an ihrer Schädlichkeit schuld, denn sie gaukeln den Konsumenten – und den Ärzten – trügerische Sicherheit vor, wodurch um so leichter Schäden zugefügt werden. Contergan ist nur das bekannteste Beispiel dafür.

205 000 Arzneimittel

In *Clinical Pharmacology and Therapeutics* schrieb bereits 1961 Dr. Walter Modell von der Medizinischen Fakultät der Cornell-Universität (USA), der damals wie heute als führender Sachverständiger der Pharmakologie gilt: »Wann wird man einsehen, daß es zu viele Arzneimittel gibt? Nicht weniger als 150 000 Präparate sind jetzt in Gebrauch, von denen es 75 % vor zehn Jahren noch nicht gegeben hat. Ungefähr 15 000 neue Zusammensetzungen kommen jedes Jahr auf den Markt, gleichzeitig verschwinden etwa 12 000 ... Wir haben für all diese Präparate einfach nicht genügend Krankheiten. Zur Zeit besteht die nützlichste Wirkung dieser Präparate darin, die ungünstigen Wirkungen anderer neuer Arzneimittel wettzumachen.«

Seither ist die Zahl der auf dem Weltmarkt gehandelten Arzneimittel auf 205 000 gestiegen; dementsprechend haben sich die neuen Krankheiten vermehrt, von denen die Großzahl (vielleicht alle) der Einführung dieser neuen »Heilmittel« zuzuschreiben sind.

In der Schweiz sind augenblicklich rund 6000 Medikamente, in der Bundesrepublik Deutschland gar 67 000 registriert – ihre Namen wechseln viel häufiger, als die Medikamente selbst. Genauso wie im Jahr 1961 gibt es auch heute einfach nicht genügend Krankheiten für all diese Medikamente, obwohl auch die Zahl der Krankheiten, die es früher nicht gab, rapide wächst.

Die heutige Medizin steht also gar nicht vor dem Problem, immer mehr Arzneimittel zu produzieren, sondern im Gegenteil die Zahl der vorhandenen drastisch abzubauen, wodurch auch die Krankheiten abnehmen würden. Zum Beispiel ist die beste Kur für eine durch unvernünftige Lebensweise (übermäßiges Rauchen, allzureichliche Fleisch- und Fettkost, übertriebenen Alkoholgenuß, ungenügende Körperbewegung usw.) erkrankte Leber frisches, sauberes Wasser. Daran kann allerdings niemand viel Geld verdienen, im Gegensatz zu »leberschützenden« Pillen, die jedoch durch Zufuhr neuer Gifte den Zustand nur verschlimmern.

Laut der *Federal Drug Administration* (FDA), der amerikanischen Arznei-Polizei, wurden im letzten Jahr 1,5 Millionen Amerikaner wegen Krankheiten hospitalisiert, die von Medikamenten verursacht worden waren. Etwa 30 % aller Patienten in amerikanischen Krankenhäusern werden von den ihnen hier verabreichten »Heilmitteln« weiter beschädigt, vielfach mit tödlicher oder unheilbaren Folgen. Auf 60 000 bis 140 000 jährlich belaufen sich in den Vereinigten Staaten die Todesfälle, von »Heilmitteln« verursacht.

Ähnliche Zustände herrschen in sämtlichen industrialisierten Ländern. Besonders frappant ist die Feststellung, daß 1973 während eines einmonatigen Streiks der israelischen Krankenhäuser die Mortalität der israelischen Bevölkerung ihren Tiefpunkt erreichte. Genau dasselbe geschah im Jahre 1976 in Bogotà, der Hauptstadt von Kolumbien: Ein Streik der Ärzte hatte einen Rückgang der Mortalität um 35 % zur Folge, wie der *National Catholic Peporter* hervorhob. Das Phänomen wiederholte sich 1978 in England.

1972 schlug der damalige Präsident von Chile, Salvador Allende, der Arzt war, vor, die internationale Pharmakopöe auf die ganz wenigen Arzneimittel – ein paar Dutzend – zu beschränken, die eine von ihm beauftragte Ärztekommission als die einzigen befunden hatten, die therapeutischen Wert hatten. Die meisten der chilenischen Ärzte, die sich bereit erklärt hatten, das Programm ihres Präsidenten in praxi durchzuführen, wurden in der kurz darauf folgenden Revolution – die während des Streiks der Transportarbeiter und der Ärzteschaft begann, bekanntlich unter Beihilfe der amerikanischen CIA (Central Intelligence Agency) – samt dem Präsidenten ermordet.

Sogar die vom USA Gesundheitswesen gegründete WHO (Weltgesundheitsorganisation) konnte 1978 nicht umhin, eine Liste von »nur« 200 Medikamenten zu publizieren, die für den Weltbedarf vollauf genügen. Damit ist bestätigt, daß etwa 205 000 der bisher fabrizierten Arzneimittel überflüssig oder schädlich sind – abgesehen vom Riesengewinn, den sie den Fabrikanten und ihren Agenten verschaffen.

Wortlehre

Laut *Sprach-Brockhaus* (1956) bedeutet *Vivisektion:* »Ärztlicher Eingriff am lebenden Tier zu Forschungszwecken.« Laut *Encyclopedia Americana* (*International Edition*, 1974): »Der Ausdruck wird heutzutage auf alle Arten von Experimenten mit lebenden Tieren angewandt, ob seziert wird oder nicht.« *(The term is now used to apply to all types of experiments on living animals, whether or not cutting is done.)*

Somit sind also mit dem Wort »Vivisektion« nicht nur operative Eingriffe gemeint, sondern auch Tierversuche, bei denen schädliche Stoffe, Verbrennungen, elektrische, traumatische oder psychische Schocks, längerer Entzug von Nahrung, Flüssigkeit, Schlaf angewendet werden, also alle Maßnahmen, die eine schwere körperliche oder seelische Belastung bedeuten und übrigens fast ausnahmslos zu einem qualvollen Tod führen.

»Vivisektor« ist von alters her, wer solche Versuche anstellt oder dabei Beistand leistet; »Vivisektionist« ist jeder, der qualvolle Tierversuche befürwortet. In diesem Sinne werden diese Wörter hier angewendet. Der von den Vivisektionisten bevorzugte Ausdruck für diese Praktiken ist »Grundlagenforschung« oder »Forschung am Modell«, wobei unter »Modell« das Versuchstier zu verstehen ist.

Apostel des Irrtums

»Alles, was von Tieren abgeleitet ist, hat auch für den Menschen Gültigkeit ... Experimente, die mit schädlichen Stoffen an Tieren vorgenommen werden, sind vollkommen schlüssig für die humane Toxikologie. Auch die Forschungsergebnisse der Experimente mit medizinischen oder giftigen Stoffen sind vom therapeutischen Standpunkt aus auf den Menschen anwendbar.«

Also schrieb Claude Bernard vor über hundert Jahren in *Introduction à la médecine expérimentale,* das die Bibel der heutigen Pseudoforscher geworden ist, und die Vivisektion, wie zu Bernards Zeiten jeder Tierversuch von den Experimentatoren selbst genannt wurde, aus den düsteren Kellern vereinzelter Physiologen und Psychopathen hervorgeholt und zu akademischer Respektabilität erhoben hat.

Seinem ersten, grundlegenden Fehler fügte Claude Bernard einen neuen, noch verhängnisvolleren hinzu, als er in einem anderen Werk, *La Médecine Expérimentale,* schrieb: »Ich werde zeigen, daß man lebende Körper ebenso behandeln kann wie unbelebte Objekte; das ist die Grundlage. (*C'est la base.*)« Dann verbrachte er aber den Rest seines Lebens damit, anhand von Tausenden vergifteter oder lebend aufgeschnittener Tiere genau das Gegenteil zu zeigen, bis er schließlich als enttäuschter und seelisch zerrütteter Mensch dem Ende entgegensiechte, ohne die Natur seiner eigenen Krankheit noch die seiner beiden im Kindesalter gestorbenen Söhne zu verstehen. Seine letzten Worte, die einzigen, die unbestritten geblieben sind, lauteten: »Unsere Hände sind leer, und nur unser Mund ist voller Versprechungen.«

Bernards Irrlehren wurden dennoch infolge endloser Wiederholung zu einem medizinischen Dogma, das die Weichen für die heutige Denkweise in der sogenannten medizinischen »Grundlagenforschung« stellten, die nur durch Tierversuche erhärtete Fakten gelten läßt, ganz gleich wie oft sich diese Fakten in Bezug auf den Menschen bereits als falsch erwiesen haben. Aber sie erweisen sich als sehr einträglich, sowohl finanziell wie auch in Bezug auf die Karriere.

In den »Forschungsinstituten« von eigenen Gnaden werden jährlich bei Millionen Tieren mit experimentellen, gewaltsamen Eingriffen alle erdenklichen, oft bisher unbekannten Krankheiten erzeugt, angeblich um Mittel und Wege zu finden, sie zu heilen. Das Wort Experiment setzt einen arbiträren Eingriff und die *künstliche* Erzeugung eines Krankheitszustandes voraus. Doch da dieser Zustand künstlich herbeigeführt wird, hat er mit einer spontanen Gesundheitsstörung, die dem Organismus oder der Seele entspringt, nichts gemeinsam. Tatsächlich sind die Pseudoforscher seit dem letzten Jahrhundert sehr erfolgreich gewesen, die Symptome zahlreicher Humankrankheiten in Tieren hervorzurufen, zum Beispiel indem sie Affen das Gehirn verletzten oder ihnen so lange elektrische Schocks versetzen, bis die Tiere das Bewußtsein verlieren, Opfer von Konvulsionen werden, Schaum vor dem Mund haben und die Augen rollen; also, indem sie die äußeren Zeichen der menschlichen Epilepsie verursachen, um angeben zu können, sie hätten ein »Modell« der Humanepilepsie geschaffen. Leider sind diese »Forscher« in der zweiten Hälfte ihres Programms jedesmal viel weniger erfolgreich als in der ersten: Krankheiten haben sie wohl verursacht, an Milliarden von Tieren, allein die Kur ist ihnen nicht gelungen. Alles, was der Arzt in der Krankenbehandlung weiß, das kommt von der geduldigen, intelligenten Aufmerksamkeit, die er oder andere Ärzte den Patienten geschenkt haben; von der sogenannten »klinischen Beobachtung«, und nicht vom Tierversuch. Sehr wenige gute Ärzte haben sich mit Tierversuchen abgegeben; andrerseits gibt es kaum einen Labor-Handwerker, der jemals fünf Minuten an einem Krankenbett verbracht hat, außer an seinem eigenen: Erfahrung hat er nur mit Mäusen, Ratten, Kaninchen, Katzen, Hunden und Affen.

Und dennoch ist heute die gesamte pharmakologische Ausbildung des Arztes in den Händen von Menschen, die über keinerlei klinische Erfahrung sondern nur über zoologische Kenntnisse verfügen.

Bald ewiges Leben

Trotz widernatürlicher Lebensweise streben die meisten Leute körperliches Wohlbefinden und ein langes, möglichst ewiges Leben an, und dieser sehnlichste Wunsch ist von jeher von verschiedenen Menschenkategorien skrupellos ausgebeutet worden. So ist es der sogenannten Schulmedizin gelungen, die Rolle zu übernehmen, die einst der Religion vorbehalten war. Heute sind die Mediziner die Priester, denen sich das Volk bei körperlichen Leiden oder seelischen Nöten hoffnungsvoll zuwendet. *Sofort zum Arzt!* – so lautet die Parole. Arzt und Psychiater wissen nämlich alles über körperliche Gesundheit und seelisches Gleichgewicht, was der gewöhnliche Sterbliche unmöglich wissen kann. Haben diese modernen Priester im weißen Gewande nicht sogar eine eigene Sprache, die nur sie allein verstehen?

Jedenfalls haben sie begriffen, daß es im heutigen materialistischen Zeitalter lohnender ist, den Leuten ein langes Leben auf Erden als ein ewiges Leben im Jenseits zu versprechen. Und wo Verführung nicht wirkt, wird Terror angewendet: »Falls ihr uns nicht freie Hand mit den Tieren laßt – und uns einen Haufen Geld gebt –, werdet ihr und eure Kinder an Krebs sterben.«

Selbstverständlich ist das Volk selbst in erster Linie für diese Zustände verantwortlich, hat es doch immer mehr an Magie als an die Wissenschaft geglaubt, vor allem wenn die Magie ihm geschickt als Wissenschaft vorgegaukelt wird, wie es der heutigen Schulmedizin vortrefflich gelungen ist.

Medizinische Schulung

Zunächst wollen wir von der Chirurgie, die eine ziemlich zuverlässige, hochentwickelte Technik darstellt und sich von der Allgemeinmedizin gründlich unterscheidet, absehen, und uns nur mit der Allgemeinmedizin befassen. Gerade in diesem allerheikelsten Fach werden den angehenden Medizinern während des Studiums nachweisbar falsche Konzepte eingepaukt, gegen die der Anfänger nicht gewappnet ist. Der Spruch, daß sich eine Lüge, wenn sie oft und lange genug wiederholt wird, als Wahrheit einbürgert, gilt für die Medizin nicht weniger als für die Politik.

Von Pharmakologie zum Beispiel, ohne die der heutige Arzt nicht wüßte was anfangen und aus der dem modernen Menschen der größte Schaden erwächst, wird dem Medizinstudenten so gut wie nichts beigebracht. In Wirklichkeit ist Medizin eine Kunst, die Intelligenz und Intuitionsgabe verlangt, keine Technik, die sich jeder nach einem Schema und durch Auswendiglernen aneignen kann. Aber als Technik wird sie heute gelehrt, noch immer nach Claude Bernards Prinzipien des vorigen Jahrhunderts.

Von wirklicher Medizin lernt der junge Arzt erst etwas, wenn er von der Universität abgeht und mit den Patienten zu tun bekommt. Zugleich beginnt aber auch seine erste, ganz energisch durchgeführte pharmakologische Schulung durch Vertreter und Broschüren der Pharma-Konzerne; also durch mächtige Industriegruppen, deren Ziel nicht die Volksgesundheit ist (gesundes Volk bedeutet tote Pharma-Industrie), sondern darin besteht, möglichst viele ihrer unheilbringenden »Heilmittel« an den Kunden zu bringen. Mit einer massiven Propaganda, von den großen Gewinnen finanziert, überredet die Industrie die Ärzte, als ihre Agenten zu wirken und sich am Gewinn zu beteiligen, durch die Verordnung immer neuer Präparate, die als noch wirksamer und weniger schädlich als die vorherigen angepriesen werden – ein offensichtlicher Widerspruch, denn je wirksamer ein Medikament in einer Hinsicht ist, desto schädlicher muß es in anderer sein. Aber wie bei jeder Religion ist das Volk darauf abgerichtet, am Wort seiner Priester nicht zu zweifeln.

Die Krankheiten- und Kostenexplosion

In den letzten Jahren wird immer mehr Alarm geschlagen wegen der Kostenexplosion im sogenannten Gesundheitswesen, die parallel mit der Verschlechterung der Volksgesundheit verläuft, deren auffälligstes Symptom die unaufhaltsame Steigerung der Krebsrate darstellt. Die Kosten steigen von Jahr zu Jahr, die Regierungen in den Industrieländern sind angeblich besorgt. Daß diese Kosten ganz willkürlich von den sogenannten Gesundheitsbehörden, also im Einverständnis mit dem Staat, unter dem Druck des Pharma-Ärzte-Apparats (mit dem wir uns noch eingehender beschäftigen werden) immer weiter hinaufgeschraubt werden, darüber ist das Volk nicht unterrichtet.

In erster Linie ist das Entstehen des Wohlfahrtsstaats schuld daran, der unter dem Vorwand, im Interesse des Volkes zu handeln, es unter einer stetig ansteigenden Steuerlast erdrückt, die nur angeblich dem Volke, in Wirklichkeit aber dem Staatsapparat – also den Politikern und der Großindustrie, mit der sie verbündet sind – zum Vorteil gereicht.

Der verheerende Stand der heutigen Medizin wird immer wieder angeprangert, aber jedesmal umsonst, denn die Gesundheitsbehörden sind der Industrie verschrieben, nicht dem Volk, und der Staat trägt sein Bestes dazu bei, daß das Volk in seinem Aberglauben beharrt, Gesundheit sei käuflich, nämlich bei den Arzneifabrikanten. Deswegen fallen Warnrufe wie die folgenden immer ins Leere:

»Die Medizin ist – unmittelbar hinter Krebs und Herzinfarkt – zum gefährlichsten Krankheitserreger der Menschen geworden. Heute verbraucht der deutsche Durchschnittsbürger etwa fünfmal so viel Medikamente wie unmittelbar vor dem 2. Weltkrieg. Ist er auch fünfmal gesünder? Natürlich nicht. Im Gegenteil: Der Durchschnitt der westdeutschen Bevölkerung ist heute weit häufiger krank als damals ... Unversehens ist aus einer Industrie, die geschaffen wurde, Krankheit zu heilen, der Ausgangspunkt neuer Gebrechen geworden.« So Kurt Blüchel in *Weisse Magier* (Fischer Verlag, 1976). Genauso haben sich unzählige andere Fachleute ausgedrückt, zum Beispiel Prof. Guido Fanconi von der Zürcher Universität in *Der Wandel der Medizin* (Huber Verlag, Bern, 1970): »In diesem Buche habe ich in verschiedenen Stellen darauf hingewiesen, daß durch das Verschulden von Ärzten viele Patienten und sogar auch Gesunde erst recht krank wurden.«

Die Giftmischer

2 Milligramm Skopolamin töten einen Menschen, aber Hunde und Katzen vertragen hundertmal mehr. Der Fliegenpilz, der selbst in kleiner Dosis eine ganze Familie auslöschen kann, wird vom Kaninchen, das ja ein sprichwörtliches Versuchstier ist, schadlos verzehrt. Ein Stachelschwein kann auf einmal so viel Opium *schlucken,* wie der Süchtige in zwei Wochen *raucht,* und es mit einer Menge Blausäure hinunterspülen, die ein ganzes Regiment vergiften würde. Penicillin ist für Meerschweinchen tödlich, aber Strychnin, eines der verhängnisvollsten Gifte für den Menschen, lassen es unversehrt. Das Schaf kann ungeheure Mengen Arsen vertragen, das einst meistgebrauchte Gift zu Mordzwecken. Die Eingabe von Milch, bei Menschen fast ein Allheilmittel gegen Vergiftungen, verschlimmert das toxische Übel bei Katzen, für die übrigens auch unser tägliches Aspirin hochgiftig ist. Aspirin und Insulin haben dieselbe Wirkung auf Ratten und Mäuse wie Contergan auf den Menschen; aber Contergan verursacht bei ihnen keine Mißbildungen.

Solche Beispiele könnten beliebig weitergeführt werden; aber diese sollten genügen, jeden vernünftigen Menschen davon zu überzeugen, daß es keine unwissenschaftlichere Forschungsmethode für Medikamente geben kann als den Tierversuch. Diese Tatsache wird von der maßgebenden, profitorientierten Industrie und den mit ihr verbündeten »Gesundheitsbehörden« geflissentlich mißachtet. Ja, sie haben den Tierversuch *vorgeschrieben.* Nur dadurch, daß die erwiesenermaßen irreführenden Tierversuche als durchaus gültig anerkannt wurden – also nur durch gezielten Betrug – war es in den vergangenen Jahrzehnten möglich, jährlich immer neue schädliche Arzneien auf den Weltmarkt zu bringen und damit die früheren Arzneien zu ersetzen, deren Nutzlosigkeit oder Schädlichkeit nicht mehr vertuscht werden kann. Die Neuheiten sind aber ebenso gefährlich, weil man sie mit derselben verkehrten Methode erlangt hat: mit dem Tierversuch.

So erklärt es sich, daß beispielsweise 1971 in England 1500 Leute, die das »harmlose« Schmerzmittel Paracetamol eingenommen hatten, im Krankenhaus landeten, wo dann viele von ihnen durch »Heilmittel« weiter geschädigt wurden. In USA rief Orabilex Nierenschäden mit vielfach tödlichen Folgen hervor; MEL/29 verursachte grauen Star; Metaqualone psychische Störungen, die zu Hunderten von Todesfällen durch Selbstmord oder Totschlag führten. Thalidomid (Contergan) verursachte 10000 Mißbildungen, Chloramphenicol (Cloromycetin) Leukämie, Stilböstrol Krebs bei jungen Mädchen.

In den sechziger Jahren starben bei einer geheimnisvollen Epidemie 3500 Asthmaleidende, bis man den in England fabrizierten Isoproterenol-Spray als Urheber entlarvte. Im Herbst 1975 wurde das anti-allergische Mittel Trilergan von der italienischen Gesundheitsbehörde als Ursache von Virushepatitis gebrandmarkt. Anfang 1976 zog die Firma Salvoxyl-Wander, die zum Pharmariesen Sandoz gehört, ihr Flamanil zurück, das als Rheuma-Mittel angepriesen worden war, aber Bewußtlosigkeit auslösen konnte.

Im Juli 1976 fing der mächtigste Arzneimittelkomplex von Großbritannien, ICI (Imperial Chemical Industries), an, Abfindungssummen an Hunderte von Leuten zu bezahlen, denen das Herztonikum Eraldin schwere Schäden an den Augen und am Verdauungsapparat zugefügt hatte, und etliche Konsumenten waren daran gestorben. Wie ein Sprecher der Firma der Presse als Alibi erklärte, war Eraldin 1970 erst nach siebenjährigen, sehr strengen Tests (wie üblich an Tieren) in den Handel gebracht worden.

Wohlgemerkt werden hier nur einige Beispiele von Tausenden ähnlicher Fälle erwähnt.

Im Sommer 1977 versuchte ein Artikel im *Spiegel* einmal mehr vergebens Alarm zu schlagen. Die Contergan- und Menocil-Katastrophen (so *Spiegel*) waren nur die spektakulärsten Arzneimitteltragödien der letzten Jahre; in Wirklichkeit kann auch der alltägliche Griff zu angeblich harmlosen oder angeblich lebensnotwendigen Pillen und Pulvern tragische Folgen haben. Der chronische Gebrauch von Abführpillen, zum Beispiel solche, die Isatin-Abkömmlinge als Wirkstoff enthalten, kann schwerste Leberschäden heraufbeschwören, Schmerzmittel wie etwa Thomapyrin oder Gelonida verursachen bei starkem Dauergebrauch unheilbare Nierenschädigungen, bromhaltige Schlafmittel wie etwa Stauridorm oder Adalin führen zu Bromvergiftungen – rund 1000 Westdeutsche starben 1976 im Zusammenhang mit diesen Schlafmitteln.

Kaum hatte der *Spiegel* all das und noch mehr berichtet, erschienen überall neue Artikel über die Schadhaftigkeit anderer »Heilmittel«. Im Sommer 1977 wurde in den USA das von der Ciba-Geigy Corporation produzierte und achtzehn Jahre lang Diabetikern verabreichte Phenformin aus dem Handel gezogen, nachdem nicht mehr verheimlicht werden konnte, daß die Nebenwirkungen rund 1000 Todesfälle im Jahr verursacht hatten. Aber das industriefreundliche Gesundheitsamt der Bundesrepublik ließ Fabrikanten ein ganzes Jahr lang Zeit – bis zum 1. Juli 1978 –, ihre verschiedenen Antidiabetika (Dipar, Silubin Retard und Sindatil) trotz der lebensgefährlichen Wirkung weiter zu verkaufen.

Der ungeheure Betrug, den die offizielle Medizin mit Wissen der dem Staat unterstehenden Gesundheitsbehörden begeht, hat schier unfaßbare Ausmaße angenommen. Immer wieder erweist es sich, daß die chemischen Arzneien nicht nur überhaupt keine Krankheiten heilen, die die Natur nicht von alleine heilt, sondern auch neue Krankheiten verursachen, die es früher nicht gegeben hat. So besagte eine Pressenachricht aus Tokio im August 1978:

»Nach über siebenjähriger Prozeßdauer hat ein Gericht in Tokio den japanischen Staat und drei Hersteller von Pharmaka des Verkaufs von Medikamenten für schuldig befunden, die die sogenannte Smon-Krankheit verursachen. Die Hersteller Takeda, Ciba-Geigy Japan und Takabe Seijaku sowie das japanische Gesundheits- und Sozialministerium wurden zu Entschädigungszahlungen in Höhe von 3,25 Milliarden Yen (30 Millionen Schweizerfranken) an die 133 Kläger verurteilt ... Die Kläger hatten geltend gemacht, die Smon (subakute Myelo-Optico-Neuropathie) genannte Nervenkrankheit, die in schweren Fällen zu Lähmungen und Erblindung oder sogar zum Tod führt, sei auf die Einnahme von Medikamenten gegen Verdauungsstörungen zurückzuführen, die Oxychinol (Markenname in der Schweiz: Mexaform) enthalten.«

Beruhigend fügte dieser Nachricht der Zürcher *Tages-Anzeiger* (4. August 1978) hinzu: »Von der Krankheit sind nur Asiaten betroffen worden.«

Während die angeklagten Firmen gegen das Urteil sofort Berufung einlegten, platzte in der internationalen Presse der schon lange brodelnde Duogynon-Skandal. Hier die Nachricht in der Zürcher *Tat* (11.8.1978): »Ein neues Hormon steht im Verdacht, bei Säuglingen schwere Mißbildungen zu verursachen. In der Schweiz wird es trotzdem weiter verkauft. Sein Name: Duogynon ... Bis heute haben sich bei der britischen ›Vereinigung für Hormon-Test-geschädigte Kinder‹ 580 Elternpaare gemeldet. Vor einigen Monaten hat der Duogynon-Hersteller, der Berliner Pharmakonzern Schering, das umstrittene Mittel aus dem britischen Markt genommen – wie zuvor aus den Märkten von Schweden, Finnland, Italien, Holland und Spanien! Die Schweizer IKS denkt nicht an ein Duogynon-Verbot. Sprecherin Beatrice Mark: ›Die Mißbildungen sind nicht gesichert‹. Schweigen zur Affäre beim schweizerischen Ableger des Schering-Konzerns. Die *Tat* erfuhr jedoch: Ab September wird Duogynon unter einem neuen Namen verkauft.«

Aber was sind denn das für »Heilmittel«, die, statt Genesung zu bewirken, krank machen und oft tödlich sind? Es sind Medikamente, die samt und sonders zunächst an verschiedenen Tierarten erprobt worden sind – zum Wohle der Pharmaindustrie und ihrer Komplizen, aber nicht des Volkes, denn schon seit Jahrzehnten ist es erwiesen, daß diese Tests wissenschaftlich wertlos sind und nur eine Alibifunktion haben.

Und was sind das für »Gesundheitsbehörden«, denen offensichtlich mehr am Wohl der Industrie als der Bevölkerung liegt, so daß anerkannt gefährliche Mittel einfach unter einem anderen Namen weiterverkauft werden dürfen?

Und was ist von einem Staat zu halten, der diesem Treiben tatenlos zusieht, ja ihm sogar Vorschub leistet?

Auch in entgegengesetzter Richtung

Natürlich wirkt sich eine solche unsinnige Forschungsmethode auch in entgegengesetzter Richtung schädlich aus, da nützliche Präparate vom Gebrauch ausgeschlossen werden können.

Die Anwendung von Chloroform, des ersten wirksamen Narkosemittels der Neuzeit, und mit ihr die Wiedergeburt der Chirurgie, wurde um viele Jahre verzögert, weil es an Hunden erprobt wurde. 1914 ergaben Tierversuche, daß Amylnitrit den Augeninnendruck gefährlich erhöht; deshalb wurde fünfzig Jahre lang auf ein wertvolles Medikament verzichtet; erst 1964 stellte man fest, daß das Mittel beim Menschen im Gegensatz zum Tier den Augeninnendruck senkt. Auch die Verwertung von Digitalis – noch heute das Hauptmittel für Herzkranke, das zahllosen Menschen das Leben gerettet oder verlängert hat – wurde hinausgezögert, weil man es zuerst an Hunden erprobte, bei denen es den Blutdruck gefährlich erhöht.

Aber das eindrücklichste Beispiel ist wohl Penicillin. Darüber schrieb der Mitentdecker und Nobelpreisträger Dr. Howard Florey in *Conquest* (Januar 1953), es sei »ein glücklicher Zufall« gewesen, daß bei den Toxizitätstests Mäuse benutzt wurden, denn »Hätten wir nur Meerschweinchen benutzt, so hätten wir gesagt, Penicillin sei giftig, und wahrscheinlich hätten wir nicht versucht, die Schwierigkeiten zu überwinden, die sich der Herstellung zur Erprobung am Menschen entgegenstellten.« Es wären Meerschweinchen statt Mäusen benutzt worden, aber die Meerschweinchen waren an jenem Tag im Labor schon »verbraucht« gewesen.

Wir werden wahrscheinlich nie erfahren, welche und wie viele wertvolle Heilmittel uns vorenthalten werden, weil sie vorher an Tieren ausprobiert wurden.

Ebenso interessant ist der Fall der *Rauwolfia serpentina,* eines der wichtigsten natürlichen Heilmittel überhaupt, das infolge von Tierversuchen außer Gebrauch geraten ist. Es ist eine in Indien heimische Apocynacee, die zahlreiche therapeutisch wichtige Alkaloide enthält, darunter das blutdrucksenkende *Reserpin* und das herzregularisierende und antifibrillatorische *Ajmalin.* Jahrhunderte lang fand es im Osten Verwendung, und zwar mit solchem Erfolg, daß unsere chemische Industrie darauf aufmerksam wurde, sich sofort daran machte, das *Reserpin* zu isolieren, es synthetisch herzustellen, es in reinem Zustand wie üblich an Tieren auszuprobieren, und es darauf den Menschen zu verschreiben, bis sich vor einigen Jahren herausstellte, daß dieses künstlich hergestellte Präparat im Menschen Brustkrebs und schwere Depressionen erzeugt. In seinem natürlichen Zustand enthält das Mittel zahlreiche Spurenelemente und Salze, die es viel nützlicher und gleichzeitig leicht verträglich machen, und keine der verheerenden Nebenwirkungen der chemischen Nachahmung verursachen.

Mißbildungen

Krebs und Mißbildungen stehen an erster Stelle unter den Krankheiten, die nachweisbar in den letzten Jahren unentwegt zugenommen haben. Und deren Zunahme ist ebenfalls nachweisbar den chemischen Mitteln zuzuschreiben.

Inzwischen übertrifft die Zahl der Tiere, die allein in den letzten Jahrzehnten verstümmelt, verbrannt, vergiftet oder sonstwie von den sogenannten Forschern verbraucht wurden, bei weitem die Zahl der Menschen, die in allen Kriegen der Weltgeschichte gefallen sind. Wenn eine solche Methode der medizinischen Wissensbereicherung so nützlich wäre wie behauptet, dann müßten die Vereinigten Staaten das Land mit der höchsten Lebenserwartung sein, denn dort wird für Tierversuche mehr Geld ausgegeben als in ganz Europa, und dort werden mehr »lebensrettende« Operationen vorgenommen als sonstwo. Wie kommt es dann, daß sich Amerika mit der Lebenserwartung gar nicht brüsten kann und nur an siebzehnter Stelle steht? Hinter Westeuropa, Japan, Griechenland und sogar Bulgarien. So berichtete das amerikanische Nachrichtenmagazin *Time* am 21. Juli 1975, nachdem es schon am 17. Dezember 1973 berichtet hatte: »Die Vereinigten Staaten haben doppelt so viele Chirurgen wie England im Verhältnis zur Bevölkerungszahl, und die Amerikaner unterziehen sich doppelt so vielen Operationen wie die Engländer. Dennoch sterben sie im Durchschnitt in jüngeren Jahren.«

In *Nackte Herrscherin* habe ich bereits die zwei großen Tragödien des Contergans (Mißbildungen) und des Stilböstrols (Krebs) in allen Einzelheiten nacherzählt. Diese sind aus zwei ganz verschiedenen Gründen bemerkenswert, obwohl beide direkt dem Tierversuch zuzuschreiben sind.

Die Contergan-(Thalidomid-)Tragödie und die durch den Alstorfer Prozeß ans Licht gebrachten Tatsachen hätten endlich die gesetzliche Abschaffung aller Tierversuche bewirken sollen; das heißt, falls in der »offiziellen« Medizin alles mit rechten Dingen zuginge, was aber nicht zutrifft. Die Tragödie wurde von der Chemie-Industrie, ihren Komplizen und Hampelmännern in der Forschung und im Gesundheitswesen dazu ausgenützt, den Konsumenten vorzugaukeln, daß nunmehr auch »teratologische« Tests (um die Wirkung auf Feten festzustellen) vorgenommen würden, also um das Publikum, auch schwangere Frauen, zu weiterem Konsum der Giftmittel zu ermuntern. Tatsächlich tauchten bald darauf in vielen Arzneimittelbeschreibungen solche Behauptungen auf wie »Studien an Mäusen, Ratten und Meerschweinchen haben keine teratogene Wirkung ergeben«, zum Beispiel in der Beschreibung von Valium Roche (*Pharmacopeia, 1967, British Encyclopedia of Medical Practice*), ohne daß jedoch die Leser daran erinnert wurden, daß auch Contergan bei diesen Tierarten nicht zu Mißgeburten geführt hatte.

Welchen Erfolg haben nun diese teratologischen Tests gebracht, die seit fast einem Vierteljahrhundert fröhlich an Millionen Tieren weitergeführt werden? Ist eine Abnahme der Mißbildungen festgestellt worden? Ganz im Gegenteil! Kurt Blüchels unbestritten gebliebene Angaben in *Weiße Magier* (Fischer Taschenbuchverlag, 1976): »Noch vor 25 Jahren kamen in der Bundesrepublik bei 100000 Neugeborenen drei Fälle von Mißbildungen vor. Heute sind bei nur 1000 Neugeborenen fünf Kinder mißgebildet. Die Mißbildungen haben sich also innerhalb eines Vierteljahrhunderts mehr als verhundertfacht!«

In der Bundesrepublik sind sie mehr als 160mal gestiegen; derselbe Trend ist auch anderswo erkennbar: In den Vereinigten Staaten war 1977 die Zahl der Mißbildungen ganze 200000, und es sind jetzt dort Fachzeitschriften entstanden, die sich ausschließlich mit dem Problem befassen.

Aber die Sorge wegen der stetig steigenden Mißgeburten liegt immer noch hinter der Sorge wegen der steigenden Krebsrate.

Prof. Dr. Herbert Hensel, Direktor des physiologischen Instituts der Universität Marburg, in der Beilage zur *Neuen juristischen Wochenschrift, Zeitschrift für Rechtspolitik* **(Heft 12/1975):**

»Nach Auffassung führender Biostatiker sind Wahrscheinlichkeitsaussagen vom Tier auf den Menschen grundsätzlich nicht möglich, weil weder die getesteten Parameter noch die Tierarten, noch die geprüften Substanzen, als zufällige Stichproben im Sinne der Wahrscheinlichkeitstheorie gelten können. Damit besteht aber gegenwärtig überhaupt keine Möglichkeit einer wissenschaftlich begründeten Vorhersage. In dieser Hinsicht ist die Situation noch ungünstiger als bei einem Glücksspiel, da bei diesem die Erfolgschancen abschätzbar wären ... Es wäre eine Illusion, zu glauben, man brauche nur rigorose Vorschriften über Arzneimittelprüfungen im Tierversuch zu erlassen, um automatisch eine Erhöhung der Arzneimittelsicherheit zu erreichen. Das Beispiel der Contergan-Katastrophe, als Argument für strengere Prüfungen gern zitiert und auch in der Begründung des Regierungsentwurfs zur Reform des Arzneimittelrechts mehrfach erwähnt, beleuchtet diese Problematik besonders deutlich. Ebensowenig wie damals ließe sich heute durch den Tierversuch eine derartige Arzneimittelkatastrophe mit ausreichender Sicherheit verhindern.«

Krebs

»Die Frage, ob die experimentelle Krebsforschung zu neuen Mitteln geführt oder neue Wege zur wirksamen Bekämpfung dieser Krankheit gezeigt hat, könnte nicht einmal der größte Optimist mit einem Ja beantworten.« Diese Aussage des Zürcher Professors Bruno Bloch stimmt heute noch genauso wie im Jahre 1927, als sie in der *Schweizerischen Medizinischen Wochenzeitschrift* (Nr. 51) erschien.

»Experimentelle Krebsforschung« ist eine solche, in der man in Tieren Krebs verursacht und sie dann dahinsiechen läßt, angeblich um Mittel zu finden, den Krebs zu heilen. Nun aber haben die Koryphäen der Laboratorien wieder einmal nur mit dem ersten Teil ihres Programms glänzende Erfolge zu verzeichnen gehabt: Nicht Tausende, nicht Millionen, sondern Milliarden Tiere sind gezielt dem Krebstod ausgeliefert worden unter dem größten Kostenaufwand, den die Welt je unter dem Vorwand medizinischer Forschung gesehen hatte; doch nicht nur haben diese Tierversuche keine neuen Wege gezeigt, um die Krebskrankheiten zu heilen, sondern diese nehmen immer weiter zu, von Jahr zu Jahr.

Auch die Stimmen von Ärzten, die nach wie vor behaupten, daß man dem Geheimnis des Krebses niemals durch Tierversuche auf den Hals rücken wird, hat inzwischen zugenommen, so daß man sie gar nicht mehr zählen kann; alles umsonst.

Wir wissen viel über Krebs, aber alles, was wir wissen, stammt von klinischen Beobachtungen und Erfahrungen, und von keinem Tierlaboratorium. Übermäßige Fleisch- und Fettkost, Auspuffgase, Nikotin, chemische Umweltverschmutzung inklusive Arzneimittel, sind statistisch nachweisbare Krebsursachen. Tiere können uns darüber nichts Neues sagen. Sie können uns aber immer wieder irreführen, weil sie auch dem Krebs gegenüber oft ganz anders reagieren als der Mensch.

»Kein Tiertumor ist einer Krebsgeschwulst beim Menschen nahe verwandt«, stand wieder einmal in *Lancet,* der weltweit angesehensten medizinischen Zeitschrift, am 15. April 1972 zu lesen.

Ganze Bücher kann man mit ähnlichen Stimmen von Fachleuten füllen. Warum also werden Tierversuche stur weitergeführt? Es gibt verschiedene Gründe:

1. Der Mensch glaubt immer gern das, was ihm beigebracht worden ist.

2. Es gibt nützliche Methoden für medizinische Forschung, eine lange Reihe sogenannter Alternativmethoden, aber sie verlangen wirkliche Intelligenz, gründliche Kenntnisse in Chemie und höherer Mathematik, Intuition und harte, aufopfernde Arbeit, und all das ist nicht jedem gegeben. Dagegen bedarf es weder hoher Intelligenz noch spezieller Kenntnisse, um ein Tier zu vergiften oder ihm Krebszellen einzupflanzen und ihm dann eventuell »krebsheilende« Mittel einzutrichtern oder einzuspritzen, die ihm oft gar keine Zeit lassen, am Krebs zu sterben, denn es stirbt, ebenso wie zahlreiche Krebspatienten, schon vorher an den »Heilmitteln«.

3. Die emsig ausgebeutete Angst vor der furchtbaren Krankheit ist für Scharen von Pseudoforschern zu einer nie versiegenden Goldquelle geworden.

In Wirklichkeit ist eine Krebsgeschwulst der Endzustand einer seit Jahren oder Jahrzehnten unbemerkten, schmerzlosen Krankheit; deswegen kann es kein wirksames »Heilmittel« geben außer der Vorbeugung. Denn der Endzustand läßt sich auch bei anderen Krankheiten selten beheben. Darum ist es wichtig zu erfahren, wie man Krebsentstehung verhüten kann. Striktes Vermeiden der als »Heilmittel« aufgeschwatzten Giftstoffe der Pharma-Industrie wäre der erste und wichtigste Schritt in dieser Richtung.

Inzwischen haben sich nicht nur die Aussagen bestätigt, daß Tierversuche keine Antwort auf die Krebsfrage erbringen können, sondern es hat sich auch zweifellos erwiesen, daß die Zunahme der Krebsfälle und die Entstehung ganz neuer Krebsarten, die es vor wenigen Jahrzehnten noch gar nicht gegeben hat, durch die Unzulänglichkeit der heutigen Forschungsmethode bedingt ist.

Wie im nachstehenden Fall des Stilböstrols.

Der Stilböstrol-Fall

Am 24. November 1944 verkündete die angesehenste Tageszeitung der Welt, die Londoner *Times*, in England habe der Kampf gegen den Krebs dazu geführt, Krebs an *einer* Stelle des Körpers *vollständig* unter Kontrolle zu bringen; intensive Untersuchungen zielten nun darauf ab, Krebs an *allen* Körperstellen *vollständig unter Kontrolle zu bringen.*

Am 31. Oktober 1950 entblödete sich der britische Abgeordnete Charles Hill nicht, bei einer Diskussion im Unterhaus einem Redner, der auf die Nutzlosigkeit der Tierversuche bei der Krebsforschung hingewiesen hatte, zu entgegnen: »Wenigstens *eine* Form des Krebses ist infolge der Tierversuche *jetzt heilbar.*«

Beide Behauptungen bezogen sich auf die Behandlung des Prostatakrebses mit dem künstlichen Östrogen (Sexualhormon) Stilböstrol, das erstmals 1938 synthetisch hergestellt und seither mit steigenden Gewinnen für die Ärzteschaft und die Hersteller in den Handel gebracht worden war.

Diese Behauptungen haben inzwischen die beiden Herren, die sie vom Stapel ließen, lächerlich gemacht. Prostatakrebs hat unentwegt zugenommen, und Stilböstrol hat sich nicht nur als Heilmittel wertlos erwiesen, sondern sich sogar als Ursache einer neuen Krebsart entpuppt, die es zuvor überhaupt nicht gegeben hat.

1973 sah sich nämlich die Weltgesundheitsorganisation (WHO) in Genf veranlaßt, eine zunächst nur für die englischsprachige Ärzteschaft bestimmte Warnungsschrift zu veröffentlichen, in der stand, es habe sich herausgestellt, daß der Prototyp der synthetischen Östrogene, eben das Stilböstrol, beim Menschen *zweifellos* Krebs verursacht hat und zwar auf genetischem Wege: durch die Mutter zum Kind.

Die Warnung, vom Leiter der epidemiologischen Abteilung des Nationalen Krebsinstituts Bethesda in den USA verfaßt – Dr. Robert W. Miller – war *Transplazentale Krebserzeugung* betitelt, und besagte unter der Überschrift »Pränataler Ursprung des Krebses: Epidemiologischer Beweis«:

»Vor knapp sechs Monaten wurde die dramatische Ankündigung gemacht, daß durch ein Präparat, das die Mutter während der Schwangerschaft eingenommen hatte, dem Kind Krebs induziert worden war.«

Weiter besagte der Bericht, daß es sich bei dem betreffenden Präparat um Stilböstrol handelte, und daß es bei jungen Mädchen Vaginalkrebs verursacht hatte (Reinzellen-Adenokarzinom), der sonst nur bei älteren Frauen vorkommt.

»Um den Gesundheitszustand der Kinder zu prüfen, deren Mütter während der Schwangerschaft Stilböstrol eingenommen haben, sind verschiedene Studien geplant. Auf jeden Fall besteht jetzt kein Zweifel, daß nach einer Latenzzeit von 14 bis 22 Jahren transplazentare Karzinogenese beim Menschen aufgetreten ist.« (Transplazentare Karzinogenese bedeutet Krebserzeugung durch die Plazenta. – H. R.)

Sehen wir nun, was Dr. Miller zum Tierversuch im Zusammenhang mit dieser neuen im Laboratorium geschaffenen Tragödie zu sagen hat:

»*Experimentelle Tierversuche:* Es bestand keine Korrelation zwischen den Tumorarten, die bei Versuchstieren erzielt wurden, und den Arten des Jugendkrebses.«

Mit andern Worten: Bei den vielfachen Tierversuchen, die im Verlauf der Jahre unternommen wurden, ließ nichts auf die Gefährlichkeit des Stilböstrols für den Menschen schließen, so daß dieses Östrogen jahrzehntelang schwangeren Frauen unbekümmert verabreicht wurde.

Die Zauberlehrlinge

Es geht also gar nicht darum, ob, wann, wie und zu welchem Preis die heutige »medizinische Forschung« uns die Wunderpille beschert, die das Schreckgespenst des Krebses aus der Welt schafft: Die moderne, auf Tierversuche fußende Pseudomedizin *verursacht* Krebs nach eigenem Eingeständnis; und wohl nicht nur in diesem letzten, nunmehr erkannten Falle, sondern zweifellos auch in unendlich vielen anderen Fällen, die sich erst mit der Zeit entpuppen werden. Denn in seiner historischen Schrift hat Dr. Miller noch folgendes berichtet:

»Vielleicht werden Jahre oder sogar Jahrzehnte vergehen, bevor sich genetisch bedingte Krebserkrankungen zeigen.«

Schon sind die Opfer des Stilböstrols so zahlreich geworden, daß sie sich in Amerika zu einem Verband zusammengeschlossen haben, um die Fabrikanten gemeinsam auf Schadenersatz zu verklagen. Die Fabrikanten bemühen sich erwartungsgemäß, mit den einzelnen Geschädigten so schnell wie möglich außergerichtliche Einigung zu erzielen, um die Sache nicht an die Öffentlichkeit kommen zu lassen. Nicht immer gelingt es ihnen.

»Abfindung eines Krebsopfers durch DES-Fabrikanten« war ein UPI-Pressebericht betitelt, der am 4. April 1978 in den amerikanischen Zeitungen erschien. DES (Diethylstilboestrol) ist der in den USA gebräuchliche Name für Stilböstrol. Der Bericht in der *New York Times* lautete:

»Eine chemische Fabrik in Newark, die ein Präparat zu Verhütung von Fehlgeburten, kurz DES genannt, herstellt, erklärte sich heute bereit, eine Frau, die an Krebs erkrankt ist, weil ihre Mutter das Mittel eingenommen hat, finanziell zu entschädigen. Die Fabrik, Carnick Laboratories in Cedar Knolls, einigte sich außergerichtlich auf Bezahlung einer ungenannten Geldsumme an Catherine Conway Kershaw in Wilmington, Delaware. Die Einigung kam kurz vor der Ansetzung eines Prozesses zustande. Beide Parteien verpflichteten sich, weder die Höhe der Entschädigung noch andere Aspekte des Falles anzugeben ... Man weiß jetzt, daß DES bei einigen Frauen, deren Mütter das Präparat eingenommen haben, Scheidenkrebs hervorgerufen hat.«

Nackte Herrscherin wurde vor etwa zwei Jahren abgeschlossen. Darin hatte ich eine Zunahme der auf Stilböstrol zurückzuführenden Krebsfälle als unvermeidlich vorausgesagt gehabt, aufgrund der langen Latenzzeit. Die Voraussage hat sich leider bewahrheitet. Die bekanntgewordenen Fälle beliefen sich damals auf ein paar Dutzend. Sie sind heute auf Hunderte angestiegen.

Abgesehen von den Stilböstrol-Schäden nimmt die Zahl der Kinder zu, die bereits mit Tumoren jeder Art behaftet in den USA auf die Welt kommen oder innerhalb der allerersten Lebensjahre an Krebs sterben.

Erschreckend war sie aber schon zu der Zeit, als Miller seine Warnschrift verfaßte, erschreckend laut dem, was der amerikanische Krebskünstler selbst berichtete: »Berechnet man alle Todesfälle der Kinder unter fünf Jahren im Zeitraum von acht Jahren, so waren 13782 auf Neoplasmen (Tumoren) zurückzuführen, die im Mutterleib oder kurz nach der Geburt entstanden sind.«

Chirurgie

Führen die Tierversuche in der Pharmakologie zu nichts anderem, als daß sie es der Industrie ermöglichen, in Zusammenarbeit mit dem Staat, dem Volk ungestraft schädliche Stoffe als Heilmittel anzudrehen, so wirken sich die Tierversuche für die Chirurgie nicht viel vorteilhafter aus, sind sie doch bestenfalls nutzlos, schlimmstenfalls irreführend oder verheerend. Jedenfalls tragen sie zur Verrohung des Chirurgen bei, dem sie es erlauben, puerile Experimentierlust unbekümmert zu befriedigen oder eine Doktorarbeit abzuschließen. Sie können also aus einem Chirurgen genau das Gegenteil von dem machen, was die meisten Menschen von ihm erwarten, nämlich einen mitleidsvollen Menschen, der bestrebt ist, vor Leid und Tod zu schützen, nicht aber gesunde

Organismen aufzuschneiden oder sie zu Übungszwecken zu verstümmeln.

Daß die Tiere vor einem schweren chirurgischen Eingriff narkotisiert werden, ist selbstverständlich, sonst könnte der Chirurg gar nicht in Ruhe operieren. Ebenso selbstverständlich ist es, daß Tiere beim Erwachen aus der Narkose ihre Schmerzen nicht äußern können, in vielen Fällen nicht einmal durch Schreie, weil man ihnen die Stimmbänder durchgeschnitten oder ihnen durch andere Mittel, zum Beispiel durch Eingriffe im Gehirn, die Stimme geraubt hat.

Doch für die Chirurgen gilt dasselbe wie für die Allgemeinärzte: die meisten verabscheuen Tierexperimente, wenn auch nur die wenigsten den Mut aufbringen, gegen ihre experimentierenden Kollegen offen aufzutreten. Denn es kann jedem Chirurgen einmal etwas schiefgehen, und dann ist er auf die Solidarität des ganzen Standes angewiesen.

Andrerseits sind die meisten Tierexperimentatoren keine zuverlässigen Humanchirurgen, gerade *weil* sie Tierexperimentatoren sind; die meisten von ihnen wagen es gar nicht, an Menschen zu praktizieren, oder wenn sie es tun, verheimlichen sie ihren Patienten, daß sie an Tieren experimentieren, wohl wissend, daß sich kein vernünftiger Mensch für einen chirurgischen Eingriff am eigenen Leibe an einen Tierarzt wenden würde.

In Großbritannien hat sich kein Chirurg an Tieren geübt, denn dort sind alle Tierversuche, die der Übung und Schulung dienen sollten, seit 1876 verboten. Dennoch würde es auch heute noch schwer sein, Sir W. Heneage Ogilvie, Oberarzt am Guy's Hospital und am Royal Masonic Hospital, zu widersprechen, der im *British Medical Journal* (18. Dez. 1954) erklärt hat: »Die englische Chirurgie hat von jeher auf hohem Niveau gestanden, denn man kann mit Fug und Recht sagen, daß jeder bedeutende Fortschritt auf dem Gebiet der Chirurgie aus diesem Lande stammt.«

Ausbildung des Chirurgen

Es sollte auch einem Laien einleuchten, warum der Humanchirurg durch Übungen an Hunden – dem Lieblingstier der Experimentatoren – nichts lernen, und im Gegenteil nur irregeführt werden kann. Im engen, spitzen Brustkasten des Hundes ist das Operationsfeld so verschieden von dem des Menschen, daß Eingriffe teilweise speziell konstruierte Instrumente erfordern. Außerdem sind Form, Größe und Lage der einzelnen Organe anders. Darum wird es beispielsweise dem Chirurgen, der gelernt hat, beim Hund die Femoral-(Oberschenkel-)Arterie zu finden, schwerfallen, sie beim Menschen zu lokalisieren.

Viele der erfahrensten Chirurgen haben das immer wieder bestätigt, angefangen mit dem großen Engländer Lawson Tait, der Ende des vorigen Jahrhunderts verschiedene der kompliziertesten Operationen entwickelt hat, die noch heute mit derselben Technik ausgeführt werden, und der erklärt hat: »Als Forschungsmethode hat die Vivisektion alle diejenigen, die sich ihrer bedient haben, stets irregeführt«, bis zu Chirurgen unserer Tage wie Fernando de Leo, Professor an der Universität Neapel und Chefchirurg des Ospedale Pellegrini, der kürzlich in einem Vortrag im Presseverein seiner Stadt die Vivisektion rückhaltlos verurteilt hat und sie »eine schamlose, überflüssige Praxis« genannt hat. Ihre Aussagen und die zahlreicher berühmter Kollegen sind übrigens in *Nackte Herrscherin* in allen Einzelheiten und mit genauer Quellenangabe wiedergegeben.

Wie wird der gute Chirurg ausgebildet? Hier Auszüge aus dem Vortrag, den Abel Desjardins, damals Präsident der Gesellschaft Französischer Chirurgen und Professor für Chirurgie an der *Ecole Normale Supérieure,* Inhaber des angesehensten Lehrstuhls der Pariser Fakultät, in einem Kongreß gegen die Vivisektion in Genf am 19. März 1932 gehalten hat:

»Die Grundlage der Chirurgie ist die Anatomie. Es ist selbstverständlich, daß man die zu operierende Stelle gründlich kennen muß.

Deshalb wird die Chirurgie zuerst aus Abhandlungen und anatomischen Fachwerken erlernt, später durch das Sezieren zahlreicher Leichen. Dann wird zum praktischen Studium der Chirurgie übergegangen. Dieser umfaßt Diagnose und postoperative Behandlung. Diese Praxis ist nur im Krankenhaus durch den täglichen Kontakt mit Patienten erlernbar. Deswegen muß man erst Assistent gewesen sein, bevor man Chirurg wird ...

»Sehen wir uns nun den Weg an, der zur eigentlichen Operation führt. Zuerst ist man Zuschauer, dann Assistent eines Chirurgen, und zwar viele Male bei der gleichen Operation. Nachdem man die verschiedenen Phasen einer Operation und die Schwierigkeiten, die auftauchen können, begriffen hat, und nachdem man gelernt hat, wie Komplikationen überwunden werden können, dann und erst dann kann man anfangen zu operieren. Zunächst leichte Fälle unter der Aufsicht eines erfahrenen Chirurgen, der vor einem falschen Schritt warnen kann oder Rat erteilt, wenn man Zweifel hegt ... Das ist die wahre Ausbildung des Chirurgen, und ich behaupte rundheraus: eine andere gibt es nicht ...

»Nachdem ich Ihnen die wahre Schule der Chirurgie erläutert habe, werden Sie leicht verstehen, warum jegliche Ausbildung, die auf Operationen an Hunden beruht, zu kläglichen Fehlschlägen führen muß. Der Chirurg, der sich auf seine Kunst versteht, kann durch derartige Kurse nichts lernen, und der Anfänger lernt dadurch nicht die richtige Technik, sondern wird ein gefährlicher Chirurg.«

Wie erklärt sich nun der Widerspruch zwischen den Aussagen zahlreicher medizinischer Autoritäten, die den Tierversuch in jeder Hinsicht als wertlos und irreführend bezeichnet haben, und den Behauptungen der Vivisektionisten, sie seien ein unerläßliches Werkzeug des medizinischen Fortschritts? Die endgültige Antwort hat wohl George Bernard Shaw geliefert: »Wer nicht zögert, zu vivisezieren, der wird wohl auch nicht zögern, darüber Lügen zu erzählen.«

Vivisektoren haben das Wort

Es ist nur recht und billig, auch die Vivisektoren selbst zu Worte kommen zu lassen, um ihre Experimentierlust zu rechtfertigen, der rund 300 000 Tiere *täglich* nach langen Leiden erliegen müssen, gar nicht zu reden von den ungezählten Menschenopfern, an denen sie ebenfalls schuld sind. Besonders aufschlußreich ist was diese Forscher über ihr Fach aussagen und über ihr eigenes Wesen verraten, wenn sie sich nicht an die Öffentlichkeit wenden, sondern an Gleichgesinnte.

In seinem klassischen Handbuch *Methodik der Vivisectionen* schrieb der Schüler von Claude Bernard und Lehrer von Iwan Pawlow, der Russe Elia de Cyon, der Vivisektor müsse bei seiner Arbeit keine Abscheu empfinden, sondern vielmehr von einem »Gefühl freudiger Erregung« getrieben werden. Es ist wohl nicht schwer, die »freudige Erregung« zu deuten, mit dem sich dieser berühmte Laborheld, das Messer in der Hand, seinen zitternden Opfern näherte, die auf dem Czermak'schen Brett festgeschnallt waren.

E. E. Slosson, Professor für Chemie an der Universität Wyoming, schrieb in der *Independent* von New York unter dem Titel »Der relative Wert von Leben und Wissen«: »Ein Menschenleben ist nichts im Vergleich zu einer neuen Tatsache. Ziel der Wissenschaft ist der Fortschritt menschlichen Wissens unter jedweder Opferung menschlichen Lebens. Wir wüßten nicht, welch höherem Zweck als dem Fortschritt der Wissenschaft Katzen und Meerschweinchen dienen könnten. Wir kennen keinen höheren Zweck, für den der Mensch benutzt werden könnte.« Hier also nochmals ein »Wissenschaftler«, dem der Wert sogar eines Menschenlebens – sein eigenes ausgenommen, wohlverstanden – nichts bedeutet im Vergleich zu neuen Tatsachen und Zahlen.

Dr. Ludimar Hermann, ehemaliger Professor für Physiologie an der Universität Zürich, wo er als einer der emsigsten Vivisektoren bekannt war, wurde am 15. Oktober 1952 von

Lord Dowding vor dem Oberhaus wie folgt zitiert: »Der Fortschritt der Wissenschaft, nicht die Nutzbarkeit für die Medizin, ist das eigentliche Ziel der Vivisektion. Die Wissenschaft kann es sich leisten, auf diese Rechtfertigung zu verzichten, mit der sie sich in England immer noch verteidigen muß.«

Ein grundlegendes Werk für die heutigen Laborkünstler ist das monumentale *Experimental Surgery* (»Experimentalchirurgie«) von J. Markowitz, der als ehemaliger Professor für Physiologie an der Universität Toronto und Assistent am Institut für Experimentalchirurgie der Mayo-Stiftung in Rochester, Minnesota, vorgestellt wird (Verlag Williams & Wilkins, Baltimore, 2. Aufl., 1949). Aus der Einleitung:

»Die hier beschriebenen Operationstechniken eignen sich für Tiere, insbesonders für Hunde. Daraus ist nicht zu folgern, daß sie sich ebenso und stets für Menschen eignen.«

Daß das Experimentieren auch bei ihm zu einer paranoiden fixen Idee geworden ist, wenn es nicht einfach zum Geldverdienen verhelfen soll, beweist Markowitz in seinem Werk sehr oft, so zum Beispiel wenn er folgenden Vorschlag macht (S. 446): »Es wäre eine interessante Übung, bei einem Hund beide Nieren zu entfernen und ihm drei Tage später, wenn er dem Tode nahe ist, die Niere eines andern Hundes in den Hals einzupflanzen.«

Daß er sich von all diesen »Übungen« jedoch nichts Gescheites verspricht, erhellt sich auf Seite 440: »Im allgemeinen hat die Chirurgie durch Asepsis, handwerkliche Fertigkeit und sorgsame präoperative und postoperative Pflege alles erreicht, was nur möglich ist. Sofern nicht irgendein neuer Grundsatz auftaucht, scheint die Chirurgie an den Grenzen ihrer Möglichkeiten angelangt zu sein.«

Was für einen Sinn hat es in dem Fall, alle diese chirurgischen Experimente weiterzuführen? Markowitz löst das Rätsel erst auf Seite 532, ganz am Ende des Werkes, in der besten Tradition der Krimi-Schriftsteller:

»Kein Studium könnte bestrickender und befriedigender und zugleich lukrativer sein.«

2. Teil: Das Internationale CHAV-Kombinat

Das Chemie-Syndikat

Die Tatsache, daß sich die multinationalen Pharma-Riesen untereinander rücksichtslos und mit allen Mitteln bekämpfen, um sich einen möglichst großen Anteil des Weltmarkts zu sichern, bedarf wohl keiner besonderen Erläuterung – liegt das doch in der Natur eines jeden Konkurrenzkampfes; ebenso, daß sie bereitwillige Partner werden, sobald sie einen gemeinsamen Nutzen oder eine gemeinsame Gefahr erblicken.

So haben sich zum Beispiel die Großen Drei der Schweiz – Ciba-Geigy, Hoffmann-La Roche, Sandoz – vor einigen Jahren verbündet, um in Sisseln, in der Nähe ihres Hauptsitzes Basel, eine gemeinsame Tierzucht zu gründen, die allen drei Firmen Versuchstiere, in erster Linie Hunde und Katzen, liefert.

Selbstverständlich beschränkt sich eine solche unheilige Allianz nicht nur darauf, eine gemeinsame Tierfarm zu betreiben. Vor allem ist sie bestrebt, die einzelnen Regierungen unter der Knute ökonomischer Macht zu halten. Der Absatzmarkt der Basler Spezialitätenchemie umfaßt die ganze Welt. Ihr Sortiment reicht von Kosmetika, Pharmazeutika, Farbstoffen, Pigmenten und Additiven über Kunststoffe bis zu Agrochemikalien. Dieses breite Spektrum industrieller Aktivität macht aus den Chemie-Riesen nicht nur die führenden Steuerzahler im Land, mit entsprechendem Einfluß auf den Staat, sondern auch zu den »besten Kunden« anderer Industrien und Organisationen, Banken zum Beispiel, zu den Hauptinserenten der Zeitungen und Zeitschriften, die bekanntlich ohne Inserate nicht existieren können, also auf ihre Inserenten Rücksicht nehmen müssen, und zwar weitgehend, usw. So erklärt es sich zum Beispiel, daß es in der Schweiz so gut wie unmöglich ist, das Volk über die Machenschaften der Chemie-Industrie zu informieren. Wenn ein unabhängiger Verleger ein »unangenehmes« Buch herausbringt, wird es von der allgemeinen Schweizer Presse totgeschwiegen. Als ob es nie erschienen wäre.

Dasselbe gilt für sämtliche Medien, die die öffentliche Meinung formen. In Wirklichkeit spiegeln die Medien keineswegs die öffentliche Meinung, sondern *bilden* sie.

Das ist selbstverständlich in sämtlichen Industrieländern, scherzhaft auch Demokratien genannt, der Fall, nicht nur in der Schweiz. Die Mitglieder der deutschen Pharma-Industrie zum Beispiel (Produktionswert 1977: 12,4 Milliarden Mark) handeln nicht anders. Im Jahr 1977 beschuldigte der deutsche Rechtsprofessor Martin Fincke in seinem Buch *Arzneimittelprüfung – Strafbare Versuchsmethoden* (Juristischer Verlag C. F. Müller, Heidelberg) die medizinischen Experimentatoren krimineller Handlungen. Sein Urteil: »Vorsätzliche Tötung.« Er beschreibt in seinem Werk, wie in Krankenhäusern an ahnungslosen Patienten Experimente vorgenommen werden – von denen einige tödlichen Ausgang haben *müssen* –, um die Wirksamkeit oder Unwirksamkeit eines neuen Präparats zu prüfen. Sofort schlossen sich die Großen Sieben unter den westdeutschen Pharmafabrikanten – Bayer, C. H. Boehringer Sohn, Boehringer Mannheim, Hoechst, Merck, Schering und Knoll – zu einer »Medizinischen Pharmazeutischen Studiengesellschaft e.V.« zusammen, die sich daran machte, den Rechtsprofessor persönlich zu diskreditieren, weil seine Argumente nicht zu widerlegen waren.

Natürlich wäre es die eindeutige Pflicht der Staatsanwaltschaft einzugreifen. Aber da die Staatsanwaltschaft eben den Staat vertritt und der Staat Mitschuldiger ist, kommt ein solches

Eingreifen vorläufig nicht zustande. Was das angebliche Bestehen eines Rechtsstaates zu einer Farce macht.

(In der Lombardei, in Nord-Italien, käme eine Anklage wegen vorsätzlicher Tötung von Patienten infolge Verabreichung von tödlichen Medikamenten zu Kontrollzwecken überhaupt nicht in Frage, weil die italienische Pharma-Industrie es mit Hilfe des Gesetzgebers 1977 fertiggebracht hat, daß dort an Spitalinsassen experimentiert werden *darf*!)

Daß der Staat in Italien die Erprobung neuer Medikamente – für die ohnehin kein Bedürfnis besteht – an Spitalinsassen zuläßt; daß der Staat in Deutschland den Fabrikanten monatelang Zeit läßt, krebserregende Produkte auch weiterhin zu verkaufen, um die Restbestände loswerden zu können; daß der Staat in der Schweiz erlaubt, Arzneimittel, die anderswo wegen ihrer verhängnisvollen Nebenwirkungen bereits aus dem Handel gezogen worden sind, ruhig weiterhin unter die Leute zu bringen, manchmal unter einem anderen Namen – all das beweist, daß der Staat in den sogenannten Demokratien zum Komplizen einer Verbrecherorganisation geworden ist, die ihrerseits nur existieren und florieren kann, weil der Staat mit ihr verbündet ist und mit Hilfe der ihm zur Verfügung stehenden Medien – Erziehungswesen, Radio und Fernsehen – die Irreführung des Volkes weitgehend unterstützt.

Die wenigen Menschen, die nicht nur fähig sind, die Wahrheit zu erkennen, sondern auch den Mut aufbringen, sie zu verkünden, sind bisher vereinzelte und immer schnell vergessene Rufer in der Wüste geblieben.

Wie gewaltig der Profit und somit die Macht der Chemie-Industrie ist, kann, wenn auch nur andeutungsweise, anhand von wenigen Zahlen gezeigt werden.

1976 veröffentlichte die Schweizer Bankgesellschaft eine Liste der 90 größten Industrie-Unternehmen der Schweiz. An erster Stelle stand die multinationale *Nestlé* (vorwiegend Nahrungsmittel) mit einem Umsatz von 18286 Millionen Franken. Ciba-Geigy kam an zweiter Stelle mit 9035 Millionen, Roche an vierter mit 4755, Sandoz an fünfter mit 3917. Der Bericht gab dann den »Eigenfinanzierungsgrad« der 15 größten Schweizer Konzerne an; Eigenfinanzierung bedeutet die Fähigkeit, mit Eigenkapital, also durch den Profit, ohne irgendwelche Anleihen, weitere Expansionen zu finanzieren, neue Fabriken zu bauen, andere Firmen aufzukaufen usw. Auf dieser Liste nahmen die drei Basler Chemieriesen die drei ersten Stellen ein: 1. Roche, 2. Ciba-Geigy, 3. Sandoz.

Die Macht

Wie später in dieser Schrift nachgewiesen wird, sind die Chemiegiganten so eng mit dem Staat, mit dem Medizin-Syndikat, und mit den sogenannten »Gesundheitsbehörden« verknüpft, daß sie oftmals selbst Staat, Medizin-Syndikat und Gesundheitsbehörde *sind,* zumindest aber auf sie einen ausschlaggebenden Einfluß ausüben. Diese Gruppe bildet den einträglichsten, und deswegen mächtigsten Industrie-Berufs-Komplex auf der Welt, der sogar die Rüstungsindustrie – die übrigens von ihm beliefert wird und mit der er aufs engste zusammenarbeitet – in den Schatten stellt.

Wie handhabt nun das Chemie-Syndikat seine große Macht in bezug auf die pharmakologische Branche, die seine einträglichste ist? Es beeinflußt Volk und Staat zugleich, aber auf ganz verschiedene Art.

Verführung. Dem Volk gegenüber wird Verführung angewendet, indem man ihm mit Hilfe des Erziehungswesens (Schule, Universität) und der Massenmedien (Presse, Rundfunk, Fernsehen) den Aberglauben an die Allmacht der modernen Medizin einflößt – seine Hörigkeit zu der Priesterschaft der Mediziner und sein blindes Vertrauen zu den geheimnisvollen chemischen Formeln auf den Etiketten der Arzneimittel schürt. Der Mensch soll ja nie glauben, daß etwa die Natur eine Genesung bewirkt hat – das können nur die Ärzte und die chemischen Mixturen, die das Weihwasser des Mittelalters ersetzt haben.

Bestechung. Dem Staat gegenüber wendet die chemische Industrie nicht nur Verführung, sondern auch noch Bestechung und Erpressung an. Man gedenke des Lockheed-Skandals. Einem amerikanischen Flugzeugfabrikanten war es gelungen, ein Staatsoberhaupt, einen Prinzgemahl, einen Premierminister, unzählige Minister und andere hohe Staatsbeamte in verschiedenen Kontinenten zu bestechen, die es ihm ermöglichten, seine Flugzeuge ans Kriegsministerium der betreffenden Länder zu verkaufen. Nur nebenbei sei daran erinnert, daß der Lockheed-*Starfighter* in Deutschland in wenigen Jahren den Tod von 211 Einzelpiloten verursacht hat – abgesehen von den Abstürzen, bei denen der Pilot mit dem Leben davonkam –, so daß sich die öffentliche Meinung immer wieder fragte, warum dieser Typ weiterbenutzt wurde.

Daß die Ausdehnung des Vietnam-Krieges von der Rüstungsindustrie geschürt wurde, deren Lobbyisten, mit schweren Geldbeuteln bewaffnet, dafür sorgten, daß die »Falken« im amerikanischen Kongreß die »Tauben« überschrien, ist ebenfalls längst kein Geheimnis mehr.

Ein einzelner Flugzeugfabrikant ist aber im Vergleich zu den Chemieriesen ein ökonomischer Zwerg, und sogar die Rüstungsindustrie hinkt ihnen nach. Mit andern Worten: fast jeder Mensch hat seinen Preis, auch die Politiker, und die chemische Industrie kann sich die mächtigsten unter ihnen leisten. Zudem hat es die chemische Industrie leichter als alle anderen: sie kann die Volksgesundheit ins Spiel ziehen, die angeblich ihr Ziel ist, und desselben Arguments bedienen sich die Politiker in ihren Diensten. Das kann ihr kein Flugzeugfabrikant nachmachen.

Erpressung. Was Bestechung nicht erreicht, kann Erpressung dem Staat gegenüber erreichen: »Wir sind die Hauptsteuerzahler im Land. Wir erhalten euch Staatsbeamte, und beschaffen auch die meisten Arbeitsplätze. Wir müssen also Mitspracherecht in Staatsangelegenheiten haben, sonst packen wir unsere Siebensachen zusammen und ziehen ins Ausland, wo man uns mit offenen Armen empfangen würde.«

In Wirklichkeit maßt sich dieser Industrie-Komplex nicht nur das Mitspracherecht, sondern das ganze Sprachrecht an. Er hat sich *das* Sprachrecht ergattert, nach dem Grundsatz: Wer zahlt, befiehlt.

Bis zu welchem Grad der Staat in der Schweiz – aber nicht nur in der Schweiz – der Chemie-Industrie schon längst hörig ist, kann man beispielsweise aus dem »Bericht des Regierungsrates« von Basel im Jahr 1939 ersehen, der in einem anderen Kapitel zur Sprache kommen wird.

Mafia-artige Solidarität

Daß das Chemie-Syndikat eine übermächtige internationale mafia-artige Organisation darstellt, kann man anhand vieler Beispiele zeigen, von denen hier nur wenige erwähnt werden sollen: Im Herbst 1976 lag bei der *Europeo,* einer der angesehensten Wochenzeitschriften der italienischen Rizzoli-Verlagsgruppe, ein Artikel druckbereit, der die Hintergründe der Umweltkatastrophe von Seveso in Norditalien enthüllte – einer Tragödie, die noch heute kein Ende gefunden hat.

Den Artikel hatte Giuliano Ferrieri verfaßt, ein Redakteur der Zeitschrift, dem es gelungen war, einen früheren hohen Angestellten von Hoffmann-La Roche zu interviewen, den Engländer Stanley Adams.

Zu der Seveso-Katastrophe war es durch das Entweichen von Giftgasen bei der Fabrikation des hochgefährlichen Stoffes Dioxin gekommen. In Italien fragte man sich, wieso die Tochtergesellschaft von Roche, ICMESA, von den zuständigen Behörden überhaupt die Erlaubnis erhalten hatte, hier Dioxin zu produzieren, nachdem die Herstellung wegen verschiedener Unfälle in vielen anderen Ländern verboten worden war. Die ICMESA war eine der zwei einzigen Firmen auf der Welt und die einzige in Europa, die noch Dioxin produzierte.

Es ist bis heute noch nicht nachgewiesen, ob je eine genau formulierte Erlaubnis erteilt wurde. Die Fabrik wurde jedenfalls gebaut und mit der Produktion begonnen, was ohne die Mitwisserschaft seitens der allerhöchsten Regierungsstellen gar nicht möglich gewesen wäre.

Stanley Adams wußte über Roche alles, was es zu wissen gab. Als er noch im Dienste des Konzerns stand, hatte er die Anti-Trust-Kommission des Gemeinsamen Marktes informiert, daß Roche geheime Abkommen mit Kunden in der Dritten Welt abgeschlossen hatte, um ihre Produkte zu viel höheren Preisen absetzen zu können, was eine Verletzung des Abkommens mit dem Gemeinsamen Markt darstellte. Im Interview an Giuliano Ferrieri erklärte Stanley Adams die Gründe und noch einiges mehr; und das alles war nicht nur für die schweizerische Chemie-Industrie sehr ungünstig, sondern paßte auch den hohen Stellen in Italien ganz und gar nicht, als sie über den druckbereiten Artikel in der *Europeo* erfuhren.

Stanley Adams hatte Giuliano Ferrieri folgendes mitgeteilt: Während des Verfahrens, das der Gemeinsame Markt aufgrund seiner Anzeige gegen Hoffmann-La Roche angestrengt hatte, waren bei der Anti-Trust-Kommission des Gemeinsamen Marktes in Brüssel drei Briefe, einer schärfer als der andere, eines italienischen Ministers eingegangen, der die Schweizer Firma reinzuwaschen versuchte; Roche, so besagten seine Briefe, habe sich keineswegs einer Vertragsverletzung schuldig gemacht.

Aber wieso intervenierte ein italienischer Minister *zugunsten* einer Schweizer Firma und *gegen* den Gemeinsamen Markt, dem Italien angehörte, nicht aber die Schweiz? In Brüssel wunderte man sich darüber. Nachdem am 8. Juni 1976 die Anti-Trust-Kommission Stanley Adams recht und dem italienischen Minister unrecht gegeben hatte, legte sie Hoffmann-La Roche eine Buße auf, allerdings eine hundertmal tiefere als das vorgeschriebene Höchstmaß, nach dem Umsatz der Firma berechnet: Roche kam mit einer Geldstrafe von nur 900000 Schweizer Franken davon.

Als der Artikel in der *Europeo* erscheinen sollte, war der betreffende italienische Minister Staatsoberhaupt geworden, und die Zeitschrift nannte das Kind beim Namen: Ministerpräsident Giulio Andreotti.

Zensurversuch

Die Verlagsgruppe Rizzoli war, wie später eingehender erläutert wird, von dem italienischen Chemieriesen Montedison abhängig, und Angelo Rizzoli erhielt – nicht zum erstenmal – einen Befehl, dem er sich nicht entziehen konnte: Der Artikel, in dem Andreotti als Verbündeter von Hoffmann-La Roche genannt wurde, dürfe nicht erscheinen. Also gab Rizzoli dem Chefredakteur der *Europeo* den Befehl, den Artikel hinauszuschmeißen.

Aber zum erstenmal setzte sich die gesamte Redaktion einer Zeitschrift der mächtigsten Verlagsgruppe Italiens zur Wehr und kündigte einen Streik an, falls der Artikel nicht erschiene. Rizzoli hielt am Verbot fest. Darauf erklärten sich die Redaktionen anderer Zeitschriften der Gruppe mit der *Europeo* solidarisch. Ein allgemeiner Streik hätte den Zusammenbruch des Verlagsimperiums bedeuten können, das finanziell auf Krücken hinkte. Der Artikel erschien schließlich unverändert in der Nr. 3, 1977. Der Name Andreotti figurierte sogar augenfällig im Untertitel.

Zwei Wochen später wurde der Chefredakteur, Gian Luigi Melega, unter einem Vorwand fristlos entlassen.

Im gegenwärtigen Zusammenhang sind die Hintergründe der Seveso-Katastrophe, über die ja schon mehrere Bücher geschrieben worden sind, weniger relevant als das, was Stanley Adams widerfuhr, nachdem er die illegalen Machenschaften der Firma Roche dem Gemeinsamen Markt in Brüssel gemeldet hatte. Hier sein eigener, in der *Europeo* erschienener Bericht.

Stanley Adams hat das Wort

»Warum habe ich bei der Kommission des Gemeinsamen Marktes gegen die Firma, für die ich arbeitete, Anzeige erstattet? Hier ging es um die Spekulation zum Beispiel mit Vitaminen, die Länder wie Indien oder China oder Süd-Amerika trifft, wo die Bevölkerung kaum genügend hat, um zu überleben. Darüber war ich bestürzt. Und wenn ich die Roche angezeigt habe (ohne ein Hehl daraus zu machen, das soll klar sein, und als ich noch bei ihr angestellt war), so war es nicht, um einen finanziellen Vorteil zu erlangen; ich habe natürlich kein Geld vom Gemeinsamen Markt erhalten. Auch nicht um Karriere zu machen: ich hatte bei Roche bereits die höchste Stelle erreicht – *Product Manager,* wovon es in der Firma auf der ganzen Welt nur drei gab – die der Schweizer Konzern einem Ausländer geben konnte (ich bin Engländer). Ich habe es aus Prinzip getan. Weil mir die Sache ungerecht erschien.«

An diesem Punkt des Interviews schaltete Giuliano Ferrieri eine Frage ein: »Haben Sie denn nicht die möglichen Folgen Ihrer Handlungsweise bedacht, die Ihnen dann auch tatsächlich auf den Buckel gefallen sind?«

Chemie-Polizeistaat Schweiz

Stanley Adams: »Ich wußte, daß die Schweizer Gesetzgebung die Monopol-Abmachungen verbietet, daß also diese Fälle ebenso wie die monopolistische Aufteilung des Weltmarkts und das Fixen der Preise vom Schweizer Gesetz untersagt sind. Demzufolge hätte ich niemals erwartet, daß mich ein Schweizer Gericht hätte verurteilen können.

»Am 31. Dezember 1974, als ich von Italien mit meiner Frau und unseren drei Kindern in die Schweiz einreiste, wurde ich an der Grenze verhaftet. Es wurde mit gesagt, falls ich die Anschuldigungen, die gegen mich vorlagen, anerkannte (und zwar dem Gemeinsamen Markt Auskünfte über eine Schweizer Firma gegeben zu haben – das gab ich sofort zu, denn ich hatte nichts zu verheimlichen), würde ich innerhalb einer Stunde freigesetzt werden, gegen eine Kaution von 5000 Franken und in Erwartung eines Proforma-Prozesses, da gegen mich eine Anzeige bestand. Aber dann wurde meine Freilassung von Tag zu Tag hinausgeschoben, neun Tage lang. Schließlich wurde die Kaution auf eine Million Franken erhöht, die ich natürlich nicht bezahlen konnte.

»Dann wurde ich vom Gefängnis in Lugano ins Gefängnis von Basel gebracht, in Untersuchungshaft. Da brach meine Frau zusammen.

Selbstmord im Badezimmer

»Es geschah in der Nacht vom 9. zum 10. Januar. Zuerst war meine Frau lange und allein (also ungesetzlich) von der Schweizer Polizei verhört worden. Natürlich weiß ich nicht, was ihr gesagt wurde, kann es mir aber vorstellen: Da ich der ›Spionage‹ angeklagt war, würde sie mich wahrscheinlich so schnell nicht wiedersehen, weil ich zu 15 oder mehr Jahren verurteilt werden würde. Ich weiß nur, daß Marilena, so hieß meine Frau, ›mehr tot als lebendig‹ aussah, als sie von dem illegalen Verhör herauskam, wie mir ihre Verwandten berichteten, denen es nicht gestattet worden war, bei dem ›freiwilligen‹ Verhör zugegen zu sein.

»Als Marilena nach dem Verhör erfuhr, daß ich nach Basel abtransportiert worden war (das heißt dorthin, wo Roche herrscht, wo Roche die Regierung *ist*), nahm sie sich das Leben. Sie erhängte sich im Badezimmer. Sie hinterließ zwei Briefe: ›Ich liebe die Kinder sehr, aber ich kann nicht weitermachen, ohne Stanley kann ich nicht leben.‹ Die Polizei hat mir die Nachricht zwei Tage lang verschwiegen. Als sie sie mir mitteilte, wurde mir nicht gestattet, zur Beerdigung zu gehen, nicht einmal unter Polizeibegleitung.

Verurteilung

»Ich hatte noch mit keinem Anwalt sprechen können, also wußte die Anti-Trust-Kommission des Gemeinsamen Marktes nicht, daß ich verhaftet war. Aber im Basler Gefängnis hatte man die Unvorsichtigkeit begangen, mich anfangs mit drei anderen Häftlingen zusammen unterzubringen (kurz darauf wurde ich in Einzelhaft gesetzt). Es waren Leute, die für geringfügige Vergehen einsaßen, und dem ersten, der freigelassen wurde, schrieb ich die Telefonnummer von Willy Schneider, dem Generaldirektor der Anti-Trust-Kommission des Gemeinsamen Marktes in Brüssel, unter die Schuhsohle. Nur so erfuhr man in Brüssel von meiner Haft, und es wurde alles in Gang gesetzt, meine sofortige Freilassung zu erwirken. Nun, die Macht der Firma Roche in Basel ist derartig, daß sich der gesamte Gemeinsame Markt, das heißt die Behörden von neun Ländern, nicht durchsetzen konnte. Ich hatte aber nichts anderes getan, als ein Vergehen zu melden.«

Gegen eine Kaution von 25 000 Franken, die der Gemeinsame Markt aufbrachte, wurde Stanley Adams schließlich nach zweimonatigem »Verhör« freigelassen, doch im darauffolgenden Prozeß wurde er vom Basler Gericht verurteilt – zu 12 Monaten Zuchthaus, bedingt, zu einer Buße von 5000 Franken und zu fünf Jahren Aufenthaltsverbot in der Schweiz.

PS: Über die Intervention des späteren Ministerpräsidenten Andreotti zugunsten der Hoffmann-La Roche hatte das unabhängige italienische Nachrichtenmagazin *Espresso* bereits 1976 berichtet, aber nur als Mutmaßung. In der *Europeo* stand zum erstenmal eine diesbezügliche Bestätigung eines früheren hohen Angestellten der Firma.

Über die Art, wie Stanley Adams und alle Journalisten, die es in der Schweiz gewagt hatten, etwas Ungünstiges über die Basler Firma zu sagen, von Roche behandelt worden sind, hat auch Jean Ziegler in seinem Buch *Une Suisse au dessus de tout soupçon* berichtet.

Wie man die Unterentwickelten »entwickelt«

Die Machenschaften der Chemie-Industrie auf der ganzen Welt beschränken sich natürlich nicht auf die Pharma-Branche. In den USA sorgte die Chemie-Industrie bekanntlich nicht weniger als die Rüstungsindustrie für eine Fortdauer und Ausdehnung des Vietnam-Krieges. Übrigens war die Schweizer Presse eine der wenigen auf der ganzen Welt, die fast durchwegs und ständig während dieses Krieges auf der Seite seiner Befürworter und gegen die Vietnamesische Unabhängigkeitsbewegung stand, weit mehr als die amerikanische Presse, selbst wenn man im Fernsehen miterleben konnte, wie die Bauernbevölkerung, inklusive Frauen und Kinder, mit Napalm begossen wurde.

Wenn den »unterentwickelten« Nationen von der amerikanischen Regierung Anleihen gewährt werden, so ist daran gewöhnlich die Bedingung geknüpft, daß ein guter Teil der geliehenen Summe – Geld des amerikanischen Steuerzahlers – für amerikanischen Kunstdünger ausgegeben wird, so daß das Geld an die amerikanische Chemieindustrie zurückfließt. Und damit wird oft reicher, kerngesunder, noch nie zuvor bebauter Humus zwangsmäßig mit chemischen Stoffen vergiftet, deren verhängnisvolle Wirkung sich voraussichtlich erst bei der kommenden Generation zeigen wird.

Die amerikanische Regierung hat inzwischen anerkannt, daß ihre CIA die chilenische Revolution gegen den Präsidenten Salvador Allende unterstützt hat. Es ist nicht nachgewiesen, daß sie irgendetwas mit der Ermordung der chilenischen Ärzte zu tun gehabt hat, die vorgeschlagen hatten, die internationale Pharmakopöe auf die ganz wenigen zu beschränken, denen man irgendeinen therapeutischen Wert zuschreiben kann. Es ist aber auch nie erklärt worden, warum in der Revolution überhaupt Ärzte, und ausgerechnet jene, ermordet wurden.

Das Ärzte-Syndikat

Das Chemie- und das Ärzte-Syndikat bilden in allen kapitalistischen Ländern, meist auch Demokratien genannt, eine enggewobene Interessengemeinschaft. Die Ärzte sind die Mittelsmänner, die Agenten für die Produkte der einträglichsten Sparte der Chemischen Industrie – der Pharmazeutika. Durch hundertjährige, vom Staat durch das Erziehungswesen begonnene und von den Medien weitergeführte Gehirnwäsche ist es gelungen, den Großteil des Volkes dazu zu überreden, daß man am besten bei einem Schnupfen sofort zum Arzt oder wenigstens zum Apotheker springt, um verhängnisvolle Komplikationen zu vermeiden. Daß nicht die Natur heilt, sondern einzig und allein die geheimnisvollen Pillen und Pülverchen, die die Chemie-Industrie aus Nächstenliebe zur Verfügung stellt, ist ein Aberglaube, von dem sich die vom Propaganda-Apparat gründlich gewaschenen Gehirne so leicht nicht mehr befreien können.

Der Grundstein zur Macht der Ärzteschaft, die allerdings erst in den letzten Jahrzehnten ein Hampelmann und Komplize der Industrie geworden ist, wurde im 13. Jahrhundert gelegt, als Friedrich II. von Hohenstaufen, König von Sizilien und römisch-deutscher Kaiser, die ersten Edikte erließ, die Kranke vor den auch damals häufigen Scharlatanen schützen sollten und nur »approbierten Ärzten« Heilbehandlung gestatteten.

In Erkenntnis der enormen Verdienstmöglichkeiten eines solchen Systems dauerte es nicht lange, bis sich die schlauesten der »approbierten Ärzte« zu einer Gewerkschaft zusammenschlossen, deren Hauptzweck wie bei jeder Gewerkschaft darin bestand, die Interessen der Mitglieder zu fördern, und in erster Linie die der Organisatoren, einer kleinen, leitenden Gruppe, die diskret im Hintergrund blieb. Die ständige Angst des Menschen vor Schmerz und Tod wurde geflissentlich geschürt und zum Vorteil der Gewerkschaft und ihres Vorstandes rücksichtslos ausgebeutet. Dabei wurden die ehrlichen hippokratischen Ärzte, die das einträgliche medizinische Gewerbe durch einfache, naturgemäße und deswegen billige Behandlung zu ruinieren drohten, als Scharlatane gebrandmarkt, verfolgt, manchmal eingesperrt. Denn die Leiter des Syndikats hatten sich zu Richtern erhoben. Sie waren die »Fachleute«, denen kein »Laie« in medizinischen Fragen – also nicht einmal die Regierung – dreinreden durfte. Und sie sind es bis heute geblieben.

Denn welchen »Fachleuten« soll es zustehen, Mediziner zu »approbieren«? Natürlich

Ärzten von Ruf. Aber wie kommt ein Arzt zu großem Ruf? Sicherlich nie, indem er zugibt, daß die Natur *suprema guaritrix* – die höchste Heilerin – ist; sondern indem er angibt, durch magische Präparate und unergründliches Wissen eine Krankheit geheilt zu haben, die niemals von allein geheilt wäre und wahrscheinlich zum Tode geführt hätte. Ein Arzt, der mit nichts anderem als frischer Luft und sauberem Wasser heilt, verliert seine Magik und somit auch seine Kunden.

In *Das Medizin-Syndikat* (Rowohlt Taschenbuch, 1978) beschreibt Kurt Blüchel, der es ja wissen muß – war er doch langjähriger Fachjournalist auf medizinischem Gebiet, Chefredakteur einer internationalen Ärztezeitung und Pressesprecher eines Ärzteverbandes –, auf welche Weise das Syndikat der Ärzte organisiert ist. Auf Seite 22 liest man im Kapitel »Das Medizinsyndikat und seine Organisation«:

»In gängigen Lexika finden sich im wesentlichen zwei Definitionen des Begriffs Syndikat:

1. Unternehmensverband, straffste Form des Kartells mit eigener Rechtsform und eigenem Verwaltungsapparat.

2. Bezeichnung für geschäftlich getarnte Verbrecherorganisation in Amerika.

Wir werden sehen, daß beide Arten von Syndikaten in den wesentlichen Grundstrukturen übereinstimmen und die Verfassung unserer Ärzteschaft richtig unter diesen Begriff eingeordnet wird.

Syndikate im wirtschaftlichen Sinn sind folgendermaßen gekennzeichnet:

a) Sämtliche Waren- oder Dienstleistungen eines bestimmten Typus werden durch sie monopolisiert. Jeder, der Waren oder Dienstleistungen dieser Art haben will, kann sie nur vom Syndikat beziehen. Daraus resultiert die immense Macht von Syndikaten, ihre Monopolstellung macht den Markt und die Gesellschaft für sie erpressbar.

b) Die Aufrechterhaltung des Syndikats verlangt äußerste Disziplin nach innen. Jeder muß sich an die im Syndikat geltenden Absprachen und Aufteilungsregeln halten, jede Abweichung muß mit brutalstem Terror geahndet werden, da sie die Grundstruktur des Syndikats – und damit dessen Monopolstellung – gefährdet.

c) Auch um den Innendruck auf die einzelnen Syndikatsmitglieder stark genug zu halten, treten Syndikate nach außen als brutale und rücksichtslose Kampfverbände auf, wobei eine einheitliche Syndikatsmeinung nach außen und nach innen mit Gewalt durchgedrückt werden muß.

d) Den Löwenanteil der Syndikatseinnahmen teilen sich wenige Syndikatsführer, die auch bestimmen, was im Syndikat und außerhalb des Syndikats zu geschehen hat. Dem »einfachen« Syndikatsmitglied wird zwar vom und durch das Syndikat ein gutes – und weit über dem gesellschaftlichen Durchschnitt – liegendes Einkommen garantiert. Das »ganz große Geld« machen aber nur wenige Syndikatsführer.

e) Die Mitglieder eines Syndikats leben in einer gesellschaftlichen Ausnahmesituation. Das Syndikat bietet ihnen Schutz, das Syndikat sichert ihnen gute Einnahmen. Deshalb muß alles, was im Syndikat passiert, geheim bleiben. Syndikate haben von ihrer »Innenstimmung« her immer etwas von einem Geheimbund. Da Syndikate in der Regel gegen geltende Gesetze gebildet werden, sehen sie sich in der Regel generell als außerhalb oder genauer gesagt über dem Gesetz stehend an. Das Syndikat hat seine eigenen Gesetze, die mit Brutalität durchgesetzt werden. Die Gesetze der das Syndikat finanzierenden Gesellschaft sind für das Syndikat in der Regel unbeachtlich.

Kampf nach innen und Kampf nach außen kennzeichnet somit die Tätigkeit der Syndikate; Kampf gegen Abweichler in den eigenen Reihen und Kampf gegen alles, was in der Gesellschaft den Interessen des Syndikats im Wege steht.

Die Verfassung der deutschen Ärzteschaft läßt sich mit diesem Syndikatsbegriff beschreiben:

a) Alle deutschen Ärzte sind kraft Gesetzes Zwangsmitglieder der Kammern. Das Kammersystem bündelt daher monopolartig alle ärztlichen Dienstleistungen in diesem Lande.

b) Die Kammern bekämpfen rigoros und brutal alle Abweichler in den eigenen Reihen, um die Syndikatsdisziplin durchzusetzen.

c) Die Kammern und insbesondere ihr Dachverband, die Bundesärztekammer, bekämpfen mit einer Rigorosität wie kaum ein anderer gesellschaftlicher Interessenverband alles, was den Interessen des Medizinsyndikats im Wege steht.

d) Das Kammer-System und seine Politik gegenüber der Gesellschaft sichern allen Mitgliedern ein hohes, weit überdurchschnittliches Einkommen. Das »ganz große Geld« machen aber nur wenige Ärzte mit Millioneneinkommen, wobei diese Ärzte im Normalfall mit den Repräsentanten des Medizinsyndikats identisch sind.

e) Alle Mitglieder des Syndikats praktizieren ein geheimbundähnliches Schweigen, wenn es um Maßnahmen gegen andere Syndikatsmitglieder geht. Insbesondere in Schadenersatzprozessen wegen begangener Kunstfehler oder den parallel laufenden Strafverfahren zeigt sich, wie das allgemeine »Syndikatsschweigen« juristische Maßnahmen jeder Art gegen Syndikatsmitglieder fast unmöglich macht.

»Das deutsche Ärzte-Korps wird von zwei Säulen (Selbstverwaltungsorganen) zusammengehalten: Während sich die Ärztekammern – an ihrer Spitze die Bundesärztekammer mit Sitz in Köln als oberste Heeresleitung – in erster Linie für die ›Sauberkeit‹ im Arztberuf anheischig machen und allenthalben die Auffassung verbreiten, ›daß ärztliche Leistung ihrer ganzen Natur nach unbezahlbar‹ sei, vertreten die Kassenärztlichen Vereinigungen – an ihrer Spitze die Kassenärztliche Bundesvereinigung mit Sitz in Köln – die wirtschaftlichen Interessen der Ärzteschaft. Tatkräftig unterstützt von den freiwilligen Zusammenschlüssen der sogenannten freien Ärzteverbände, besteht ihre Aufgabe vor allem darin, mit Krankenkassen und Behörden um Honorare und Gebühren zu feilschen.«

Blüchel berichtet weiterhin, daß sich in Deutschland eine knappe Hundertschaft einflußreicher Arztfunktionäre die Macht unter sich aufteilt, so daß an den meisten Vorstandtischen jahrzehntelang dieselben Gesichter sitzen.

Wenn sich Blüchels Erläuterungen auch ausdrücklich auf Deutschland beziehen, so ist die syndikatähnliche Struktur der Ärzteschaft in allen profitorientierten Nationen wesentlich die gleiche. Unter einem solchen System ist es zum Beispiel fast unmöglich, einen Arzt für einen Kunstfehler, auch mit tödlichen Folgen, gerichtlich mit irgendeiner Aussicht auf Erfolg zu belangen. Der Angeklagte und sein Verteidiger bestreiten kurzerhand die »Kompetenz« des Gerichts und des Staatsanwalts und verlangen die Meinung von »Fachleuten«, also von Kollegen, von Syndikatsmitgliedern. Daher die Behauptung, daß der Titel »Dr. med.« einer »Lizenz zum Töten« gleichkommt.

In jedem Land der westlichen Hemisphäre hat das Ärzte-Syndikat die Hegemonie einer anmaßenden, arroganten Clique entwickelt, die sich – unter dem Vorwand die Volksgesundheit zu schützen – über öffentliche Meinung, Regierung, Gesetze, Beschränkungen und Anordnungen hinwegsetzt und eine totalitäre Diktatur ihrer Gilde errichtet hat, in die kein Außenseiter die Nase stecken darf. Es waren Mitglieder der internationalen Ärzteschaft (sogar Nobelpreisträger Boris Chain wurde zu dem Zweck extra nach Deutschland berufen), die durch ihre Aussagen als »Fachleute« die Einstellung des Strafverfahrens gegen die Chemie Grünenthal im Contergan-Prozeß erwirkten. Das Chemie-Syndikat ist also vom Ärzte-Syndikat nicht weniger abhängig als dieses vom Chemie-Syndikat: Eine engverknüpfte Interessengemeinschaft, die sich auch international unterstützt.

Nur aus diesem Grunde ist es vorläufig noch nicht möglich, die Leiter der Chemie-Konzerne mit Aussicht auf Erfolg vor Gericht zu bringen. Anklage: Massenmord. Nicht an Tieren, sondern an Menschen.

Blinde, von Schlaumeiern geführt

Damit soll keineswegs gesagt werden, daß alle Ärzte Zyniker und Schwindler sind. Im Gegenteil. Viele meinen es ehrlich, einige haben den Arztberuf nicht so sehr wegen seiner großen Verdienstmöglichkeit sondern auch aus idealistischen Gründen gewählt. Früher oder später allerdings entdecken die Klugen unter ihnen, was gespielt wird – vor allem Bauernfängerei. Aber sie sehen keine Möglichkeit, sich dagegen aufzulehnen. Sie sind selbst Opfer des vorherrschenden Systems. Betrogene Betrüger; Blinde, von scharfäugigen Schlaumeiern geführt. Die meisten scheinen aber auch nicht besonders erpicht darauf zu sein, eine Änderung zu erwirken.

Mit gutem Recht schreibt also der nunmehr berühmt gewordene Chirurg Julius Hackethal in *Nachoperation:* »Ich stehe auf dem Standpunkt, daß den Nichtärzten die Hauptrolle bei der Verbesserung des Arztsystems zufällt, weil leider die Ärzte selbst diese Aufgabe nicht übernehmen wollen.«

Natürlich gibt es auch gute Ärzte: es sind solche, die sich von der Schulmedizin möglichst weit entfernt haben.

Das Vivisektions-Syndikat

Das Vivisektions-Syndikat – das im Gegensatz zu den USA in Europa nie das Wort »Vivisektion« oder dessen Derivate anwendet, außer um es eine irrtümliche oder überholte Bezeichnung zu nennen – verbirgt sich gern hinter besonders vornehm und »wissenschaftlich« klingenden Namen. Bei weitem das reichste, also mächtigste Vivisektions-Syndikat der Welt ist das amerikanische, das als Vorbild für alle andern dient, mit denen es – wie das Chemie-Syndikat – durch Interessengemeinschaft verbündet ist.

Als gediegene Fassade des amerikanischen Vivisektions-Syndikats dient die *NSRM – National Society for Medical Research* (»Nationale Gesellschaft für medizinische Forschung«), deren Briefkopf zudem das folgende Motto schmückt: »Zur Förderung des öffentlichen Verständnisses für die Grundsätze und humanitären Ziele der biomedizinischen Forschung«. Also ein regelrechtes Propagandaministerium für Vivisektion, als wissenschaftlich und humanitär getarnt. Der Sitz ist gar nicht zufällig in Washington, D.C., 1000 Vermont Avenue – ein Katzensprung vom Capitol Hill entfernt, wo die amerikanische Regierung tagt. Die Lobbyisten der NSRM benötigen somit kein Taxi für ihre häufigen Besuche bei den Senatoren und Abgeordneten, die jährlich Milliarden von Steuerdollars (1977: rund drei Milliarden) ausschließlich für Tierversuche bewilligen, wovon auch alle verwandten Branchen, die ebenfalls über mächtige Lobbies verfügen, profitieren (Versuchstierhaltungen, Tierzuchten, stereotaxische und elektronische Folterinstrumente u.a.m.).

Was auf dem vornehmen Briefpapier der NSMR nicht steht – obwohl die Gesellschaft es bereitwillig zugibt – ist, daß ihr Hauptzweck darin besteht, *die Beschaffung und den Gebrauch von Versuchstieren zu fördern,* und daß sie weitgehend schuld ist, daß sich die gesamte medizinische »Forschung« heutzutage praktisch ausschließlich auf Tierversuche beschränkt, und die humanitären Ziele der Medizin aus dem Auge verloren hat. Zu den Mitgliedern der NSMR zählen die *National Institutes of Health, National Science Foundation, Veterans Administration, U.S. Army, Navy* und *Air Force,* und noch zahlreiche weitere Organisationen, die Versuchstiere benutzen.

Als Präsident der Gesellschaft waltet jeweils ein bekannter Chirurg, der vor der Öffentlichkeit als autoritativer Befürworter des Tierversuchs eingesetzt werden kann. In Wirklichkeit ist er nur eine Galionsfigur, ein prächtiges Aushängeschild. Als berufstätiger, also vielbeschäftigter Arzt hätte er weder die Zeit noch die Fachkenntnisse, um sich der vielfältigen, komplexen Angelegenheiten eines weitverzweigten Syndikats anzunehmen, in dem viel Geld fließt, meist heimlich. Sie werden von hartgesottenen Spezialisten des Syndikatswesens gehandhabt, die der Öffentlichkeit natürlich unbekannt bleiben müssen. Sie bestimmen die offiziellen Richtlinien des Syndikats, liefern dem Präsidenten und anderen Sprechern des Syndikats die von Spezialisten verfaßten Reden, Zeitungsartikel und Pressenachrichten, besolden und instruieren die Lobbyisten, die auf die Parlamentarier einwirken müssen, und die Public-Relation Leute, die die Beziehungen zu den Medien pflegen, organisieren Kongresse u. a. m.

Präsident der NSMR ist zur Zeit Dr. Clarence Dennis, Herz-Chirurg, der zugleich »Forschungsleiter« *(Chief of Research)* des Northport Veterans Hospital ist, wo sich natürlich die gesamte sogenannte Forschung fast ausschließlich auf Tierversuche beschränkt. Die NSMR veröffentlicht ein monatliches *Bulletin,* in dem oft von den »illegalen Machenschaften« der Tierversuchsgegner die Rede ist, oder gar von ihren »kriminellen Handlungen«, wie etwa Drohbriefe gegen Vivisektoren. Außerdem erscheinen darin »Buchbesprechungen« von Werken, die die Vivisektion anprangern und somit, wie es im *Bulletin* immer wieder heißt, »das menschliche Leben gefährden«.

Ausführlich werden von der NSMR auch Protestschreiben des Publikums beantwortet. Ein vom 30. Juni 1978 datierter offizieller Brief der Gesellschaft, der die Unterschrift eines Dr. vet. Thurman S. Grafton trug und persönlich an eine mir bekannte Krankenschwester in Pennsylvania adressiert war, enthielt unter anderen folgende Gedanken:

»Sie scheinen unter dem Einfluß der Greuelpropaganda der Antivivisektionisten zu leiden, die auf makabre Art in 30 bis 70 Jahre zurückliegenden Protokollen nach scheußlichen Beispielen fahnden, um damit die Empfindlichkeit des Publikums zu erregen ... Diejenigen unter uns, die aufrichtig um die humanitäre Behandlung der Tiere besorgt sind, haben in der Behandlung der Tiere so gewaltige Fortschritte erlebt, daß es besonders enttäuschend ist, einen Brief wie den Ihrigen zu erhalten, der andeutet, daß die humanitäre Behandlung der Tiere in Forschungslaboratorien heute nicht so selbstverständlich ist wie sie in Wirklichkeit ist. Ich möchte zwar gerne behaupten können, daß alle Wissenschaftler ebenso barmherzig seien wie ich, aber ich kann ebensowenig darauf schwören, wie Sie darauf schwören können, daß jede Krankenschwester ein Vorbild dieser Tugend ist. Ich bin jedoch überzeugt, daß dies bei der großen Mehrzahl beider Kategorien der Fall ist.«

Großbritannien

Die Fassade des Britischen Vivisektions-Syndikats bildet die *Research Defence Society (RDS),* an der Chandos Street Nr. 11 in London gelegen. Der Name bedeutet so viel wie »Gesellschaft für die Verteidigung der Forschung« – genauso wie sich ein Kriegsministerium beschönigend »Verteidigungsministerium« nennt. Die RDS arbeitet Hand in Hand mit der britischen Niederlassung der riesigen amerikanischen Tierzucht-Organisation *Charles River Breeding,* die in England *Animal Breeders Association of Great Britain* heißt und Filialen auf der ganzen Welt hat. Wie bei ihrem amerikanischen Gegenstück ist der Hauptzweck der RDS, Beschaffung und Gebrauch von Versuchstieren zu fördern.

Aus sprachlichen Gründen besteht ein besonders enges Bündnis zwischen den Anglo-Amerikanischen Vivisektions-Syndikaten, aber zweifellos gibt es eine sehr effektive internationale Organisation, die bis nach Japan reicht und auf gemeinsamer Gewinnsucht fußt.

Vivisektion, wie Prostitution, bevorzugt die Dunkelheit; darum ist es beim Vivisektions-Syndikat viel schwieriger als bei anderen Syndikaten, die Hintergründe aufzudecken. Daß eine Zentralstelle die Drähte zieht, darüber besteht kein Zweifel. Wo die Zentrale steckt, ist ein Rätsel. Überraschenderweise soll sie nicht in Washington sein, sondern entweder in London, wo der Chemieriese ICI seinen Sitz hat, oder in Zürich, in dessen Nähe Dow Chemicals, der einzige Napalm-Produzent in der Welt, sein europäisches Hauptquartier hat. In Zürich hat diese Firma übrigens auch ihre eigene Bank: Dow Banking Corporation, Limmatquai 4.

Zubehör

Das Züchten von Labortieren, die Errichtung sogenannter Forschungslaboratorien und die Produktion von Zubehör (Käfige, Bändigungsapparate, stereotaxische Geräte, elektronische Folterinstrumente usw.) haben sich in den letzten Jahren zu einer Rieseninduslrie entwickelt, die keine Krise kennt und auf der systematischen, stets zunehmenden, pseudowissenschaftlichen Tierfolter wuchert. Die Arbeitsplätze, die diese Industrie in allen hochentwickelten Ländern sichert, verleihen dem international organisierten Vivisektions-Syndikat politische Macht. So erklärt es sich, auch abgesehen von etwaiger direkter Bestechung, daß die hohen Regierungsstellen den Argumenten der Tierversuchsgegner gegenüber, ganz gleich wie stichhaltig sie in wissenschaftlicher Hinsicht sind, taub bleiben. Die plötzliche Abschaffung der Vivisektion würde in vielen Ländern, genau wie die Abschaffung der Rüstungsindustrie, das Verschwinden von Tausenden von Arbeitsplätzen zur Folge haben. Tierfolter wird gegen Arbeitsplätze eingetauscht. Tiere sind nicht wahlberechtigt, sie zahlen keine Steuern, können auch nicht in den Zeitungen inserieren, in der Öffentlichkeit demonstrieren oder Terroraktionen unternehmen. Das macht ihre Schwäche aus. Ihre Folterer sind wahlberechtigt, sind dank ihrer Aktivität so gewichtige Steuerzahler, daß viele Staaten ohne sie, genau wie ohne Rüstungsindustrie, in große Schwierigkeiten kommen würden, und das macht ihre Stärke aus. Es geht jetzt nur darum, zu wissen, was das Volk will, wenn es erst einmal vollständig aufgeklärt ist; was bisher von oben her immer sehr erfolgreich verhindert wurde.

Eines ist sicher: Die Spitzen des Vivisektions-, des Ärzte- und des Chemie-Syndikats arbeiten so eng zusammen, daß diese drei vielfach ineinander übergehen und eine hochwirksame, polypenähnliche Internationale bilden, ähnlich wie die Mafia, aber viel mächtiger, von gemeinsamer Gewinnsucht getrieben: Das CHAV-Kombinat.

Italien

Italien wird an dieser Stelle nur als Beispiel erkoren. Sprecher des CHAV-Kombinats im allgemeinen und des Vivisektions-Syndikats insbesondere sind hier die Mitglieder des pompös benannten »Instituts für Pharmakologische Forschung ›Mario Negri‹« in Mailand, das 1961 gegründet wurde, und offiziell als gemeinnützige, also steuerfreie Institution anerkannt worden ist. Gemeinnützige Institutionen dürfen zwar keine Gewinne ausschütten, aber ihre Angestellten dürfen Saläre beziehen, und zwar, wie im Fall des »Mario Negri«, recht saftige.

Direktor des »Mario Negri« ist ein »Professor« Silvio Garattini, der in der Establishment-Presse immerfort als große Autorität auf wissenschaftlichem, chemischem, biologischem, medizinischem und chirurgischem Gebiet präsentiert wird.

Daß die Unwissenheit dieses »Wissenschaftlers« in verschiedenen öffentlichen Diskussionen immer wieder in eklatanter Weise an den Tag gekommen ist, hat sein Ansehen bei den obersten italienischen Behörden, die für Wissenschaft und Medizin zuständig sind, keineswegs beeinträchtigt. In einer 1973 von der renommierten Wochenzeitschrift *Epoca* organisierten Debatte bestritt er zum Beispiel auf das entschiedenste meine Behauptung, daß die künstlichen Östrogene (Sexualhormone) den natürlichen nicht ebenbürtig sind. »Das stimmt nicht – im Labor kann man ein natürliches Östrogen genau nachproduzieren.« Diese seine Entgegnung druckte *Epoca* 1973 ab – also genau im selben Jahr, als sich der Prototyp der synthetischen Östrogene, das Stilböstrol, als für den Menschen krebserregend herausgestellt hatte.

Als sich dann 1976 in Norditalien die Seveso-Tragödie ereignete, war dieser Prof. Garattini, zusammen mit anderen Koryphäen des CHAV-Kombinats, zum Beispiel Prof. Emilio Trabucchi, Präsident der Pharmakologischen Gesellschaft Italiens und Leiter des Pharmakologischen Instituts der Universität Mailand, sogleich zur Stelle, um im Interesse der Hoffmann-La Roche die Gefahr der Dioxin-Wolke zu bagatellisieren, und die mitschuldige italienische Regierung trug das ihrige dazu bei, die entlastenden Behauptungen dieser »Sachverständigen« zu untermauern.

Prof. Garattini hat sich auch nicht entblödet, in einem Interview in *Lo Speciale* im Januar 1976 zu behaupten, daß »Falls die Menschen auf Arzneimittel verzichteten, würden sie an einer einfachen Grippe zugrunde gehen«.

Woher kommen nun die gewaltigen Geldmittel, die nötig sind, einen solchen Professor samt seinem unproduktiven Institut und dessen hochbezahlten Mitarbeiter zu erhalten? Von einer ganzen Reihe privater und öffentlicher Organisationen im In- und Ausland. Als Spender des »Mario Negri« Instituts wurden in der Schrift *Doc 72* des Italienischen Informations-Instituts unter anderen die folgenden angegeben: Italienische Krebsliga, Ministerien des Erziehungswesens, der Sanität und des Inneren, Provinzialverwaltung der Stadt Mailand, Sparkasse der Lombardischen Provinzen, Monte dei Paschi di Siena (eine ebenfalls gemeinnützige Bank), Nationales Forschungszentrum CNR, Gesundheitsministerium der USA, Landwirtschaftsministerium der USA, Euratom, Pfeiffer-Stifung New York u. a. m.

Daraus geht deutlich hervor, daß das CHAV-Kombinat eine internationale Organisation darstellt, die Gelder der Steuerzahler nicht zum Wohle der Gemeinschaft, sondern zum Vorteil gewisser Gruppen verwendet, und daß der ganze künstlich erschaffene Mythos der Tierversuche nur ein Vorwand ist, um Steuergelder in bestimmte, sehr enge Kanäle fließen zu lassen, die von den Regierungsstellen so gelenkt werden, daß diese Gelder mit einer an Gewißheit grenzenden Wahrscheinlichkeit zu gutem Teil an dieselben Stellen zurückfließen. Denn wie kommt der amerikanische Staat dazu, durch das eigene Landwirtschafts- und Gesundheitsministerium mit dem Geld seiner Steuerzahler eine nutzlose, die Öffentlichkeit stets irreführende Vivisektions-Organisation wie das italienische »Mario-Negri« Institut zu beschenken? Und wie kommen angeblich »gemeinnützige« italienische Banken und hohe italienische Staatsbehörden dazu, einem solchen Institut Steuergelder zu spenden, die für das öffentliche Wohl bestimmt sein sollten? Wohin genau wandert dieses Geld?

Was leistet nun ein so großzügig unterstütztes Institut wie das »Mario-Negri«? Als im Herbst 1973 die Zeitschrift *Epoca* von der Establishment-Verlagsgruppe Mondadori die bereits erwähnte Debatte zwischen Prof. Garattini und mir selbst publizierte, wurde sein Institut folgendermaßen beschrieben: »Eines der wichtigsten europäischen Zentren für Krebs-, Nervensystem- und Artheriosklerose-Forschung: Mehr als 400 international verbreitete Veröffentlichungen zeugen von den Ergebnissen der zehnjährigen Tätigkeit dieses Instituts.«

Viele Leser konnten wohl nicht umhin, beeindruckt zu sein. Aber einige mögen sich gesagt haben, daß es mit diesen »Ergebnissen« nicht weit her sein könnte, da doch Krebs, Artheriosklerose und Nervensystemkrankheiten während der zehnjährigen Tätigkeit des Instituts nur zugenommen haben. Und seine »international verbreiteten Veröffentlichungen« habe ich trotz vielfacher Bemühungen nie zu sehen bekommen.

Volksfeindliche Machenschaften

Wie erfolgreich das mit einigen Schlüsselfiguren im Staatswesen verbündete CHAV-Kombinat allenthalben immer wieder das Volk betrügt, indem es ihm Steuergelder entpreßt, die dann zum Kombinat und höchstwahrscheinlich zu einigen der beteiligten Staatsbeamten fließen, sei anhand einiger Beispiele erläutert, die jedermann, der mit Aufmerksamkeit und Verstand Pressenachrichten liest, beliebig vermehren kann.

1975 schlug in Italien eine Ärztekommission vor, Tausende von Medikamenten vom Katalog der Krankenkasse, als INAM bekannt, zu streichen, da sie sich als nutzlos oder schädlich erwiesen hatten. Diese Streichung wurde nicht vorgenommen, weil die höchste Gesundheitsbehörde, also der Staat, intervenierte.

So kommentierte Giuliano Ferrieri in der *Europeo* (12. 12. 1975) diesen Fall: »Jüngeren Datums ist der Skandal der Arzneimittel, die eine Ärztekommission aus dem INAM-Katalog gestrichen hatte, deren Wiedereinsetzung als verschreibbare und rückzahlbare Präparate jedoch vor der Obersten Gesundheitsbehörde erwirkt wurde, wodurch de facto die Interessen der Industrie gewahrt wurden.«

Im selben Jahr berichtete die italienische Presse den Fall eines Arztes in Palermo, der von der dortigen Gesundheitsbehörde angefragt worden war, wieso er seinen Patienten 30 % weniger Arzneimittel zu verschreiben pflege als seine Kollegen. Als er darauf antwortete, er betrachte die meisten Medikamente als nutzlos oder schädlich, wurde eine Untersuchung gegen ihn eingeleitet.

Man sollte aber auch andere Industrieländer nicht aus den Augen lassen. Die amerikanische UPI-Presseagentur meldete im Juni 1978: »Laut Aussagen von Befürwortern einer Revision der Arzneimittelgesetze hat die Pharma-Industrie im ganzen Land eine geheime Kampagne geführt, um verschiedene Gesetze lahmzulegen, die dazu dienen sollten, Medikamente zu verbilligen. Bisher haben 38 Staaten die Gesetze revidiert oder abgeschafft, die die Apotheker daran hinderten, den Patienten billigere allgemeine Arzneimittel anstelle der teureren Markenarzneien abzugeben.« *(Daily Northwestern,* 23. Juni 1978)

Das bedeutet ganz einfach, daß unbekannte Leute oder jedenfalls solche, die man in der amerikanischen Presse nicht zu nennen wagt, einschlägige Politiker so weit »beeinflussen« können, daß im Interesse der Konsumenten erlassene Gesetze abgeändert oder abgeschafft werden. Und in größeren Zeitungen erscheinen solche Nachrichten im allgemeinen überhaupt nicht.

Weltweit

Die Schweiz liefert ein gutes Beispiel dafür, welche Rolle die Profitgier bei der Ausdehnung der Vivisektion spielt: Bei einer Bevölkerung von rund sechs Millionen Einwohnern verbraucht die Schweiz jährlich zehnmal mehr Versuchstiere als die gesamte Sowjetunion mit ihren 250 Millionen Einwohnern, von denen allerdings keiner durch den Verkauf von Arzneimitteln zu Geld kommen kann.

Die Vivisektion ist jedoch keineswegs auf die profitorientierten Länder des Westens beschränkt. Sie besteht auch noch unter den sozialistischen und kommunistischen Regierungen; aber in weit geringerem Maße. Weil dort eben die Profitmotivierung fehlt, ist es nur einer verhältnismäßig sehr kleinen Gruppe von Physiologen gelungen die Regierung zu überreden, daß solche »Arbeiten« für die Volksgesundheit unerläßlich sind, und sie führen Experimente aus, die an Irrsinn und Grausamkeit denen ihrer westlichen Kollegen in nichts nachstehen.

Es gibt sogar ganz überraschende unheilige Allianzen, etwa die zwischen zwei politisch so verschiedenen Ländern wie Norwegen und Polen, ein Beweis, daß sich die Vivisektoren bereitwillig über politische Differenzen hinwegsetzen, um ihrer Lieblingsbeschäftigung nachgehen zu können. So gibt es zum Beispiel ein englisch betiteltes *International Committee on Laboratory Animals* (ICLA), das seinen Sitz in Norwegen hat und zweimal jährlich ein Bulletin veröffentlicht, das auf Englisch und auch auf Polnisch verfaßt ist. Generalsekretär dieser ICLA ist ein Norweger, Dr. Stian Erichsen vom *National Institute of Public Health,* dessen Adresse das Bulletin als Postuttak Oslo 1 angibt. Also ist die oberste norwegische Gesundheitsbehörde an der Vivisektion mitbeteiligt, genau wie hohe Regierungsstellen in anderen Staaten. Als Bankverbindung gibt das ICLA-Bulletin die Akasaka-Filiale der Bank von Tokio an. Somit müssen auch Japans »Forschungsstellen« an diesem Kombinat beteiligt sein, wobei zu bemerken ist, daß das hochindustrialisierte Japan in bezug auf Intensität und Grausamkeit seiner Vivisektionstätigkeit nur den USA nachsteht.

Im ICLA-Bulletin vom September 1977 steht unter dem Titel: »Polnische Vorschriften für Experimente mit Labortieren«:

»In Polen ist das Dekret vom 22. März 1922, den Tierschutz betreffend, noch immer gültig. Die grundlegenden Bestimmungen sind folgende:

Art. 1. Jegliche Grausamkeit gegen Tiere ist verboten.

Art. 2. Es gibt verschiedene Arten der Grausamkeit ...

Art. 3. Zu Forschungszwecken mit Tieren durchgeführte Experimente werden nicht als Grausamkeit betrachtet.«

Der ständigen, versteckten Propaganda des CHAV-Kombinats ist es zuzuschreiben, daß die Vivisektion weltweit immer größere Ausmaße annimmt, und mit ihr auch die Abstumpfung menschlicher Gefühle, die sich unausweichlich bei allen ergibt, die systematische Quälerei betreiben. Das ist eine sehr ernste Sache. In den Republiken der Dritten Welt prahlen heute medizinische Lehrkräfte, die ihre »wissenschaftlichen« Kenntnisse im Westen erworben haben, mit ihrem Können, indem sie vor ihren staunenden Schülern die Experimente wiederholen, die bereits Claude Bernard im letzten Jahrhundert an lebenden Tieren durchführte. Somit nimmt die Zahl der Individuen, die systematisch geschult werden, die Leiden anderer Lebewesen zu mißachten, täglich zu.

Diese anti-humanitäre Einstellung hat von den physiologischen Fakultäten auf andere Gebiete der Medizin übergegriffen, so daß die wissenschaftliche Tierquälerei nun vielerorts auch in den Psychologie-Unterricht eingezogen ist. Ein wachsender Prozentsatz von Psychologen und Psychiatern wird gezwungen, sich an Tierversuchen zu beteiligen, in denen Mäuse, Katzen, Ziegen, Hunde, Menschenaffen durch Elektroschocks, seelische Traumata und anhaltende Entbehrungen oder Schrecken zum Wahnsinn getrieben werden, unter dem Vorwand, Wahnsinn zu heilen. Wer nicht mitmachen will, muß ausscheiden. So sichert sich das CHAV-Kombinat weiterhin immer die »richtigen Leute an der richtigen Stelle«.

Die chinesische Akupunktur, die vor mehreren Jahrtausenden ohne Tierversuche vervollkommnet wurde und in Könnerhänden höchst wirksam ist, hat sich nicht geändert, weil es nicht notwendig war sie zu ändern. Doch seit die westliche Schulmedizin sie »entdeckt« hat, wird sie an Tieren »erprobt«, die nicht zu sagen vermögen, was sie empfinden, und ohnehin ganz anders als der Mensch reagieren. So wird zum ersten Mal auch dieser Zweig der Medizin, der sich Jahrtausende lang bewährt hat, durch die Untaten der Experimentatoren vernebelt.

Unglückseligerweise nehmen die Asiaten, beeindruckt von den westlichen Maschinen und Kernwaffen, an, daß unsere technologische Überlegenheit auch für die Arzneikunst gelten müsse, wie ihnen die Gesandten des CHAV-Kombinats vorgaukeln. So lassen sie von ihrer tausendjährigen Weisheit ab und ersetzen ihre erprobten Heilkräuter durch unsere karzinogenen Wunderdrogen, während an den Universitäten zum erstenmal in ihrer Geschichte eine Tierlaboratoriums-Unterkultur entsteht.

Allerdings ist an diesem Wandel nicht allein die Leichtgläubigkeit der Asiaten schuld. Im nächsten Kapitel werden wir sehen, warum.

Kolonisierung

Wir Staatsbürger sogenannter demokratischer Nationen nehmen es als selbstverständlich an, daß wir über einen freien Willen verfügen und in jeder Beziehung voll aufgeklärt sind. Die meisten aber ahnen nichts von der »Unfreiheit des Willens«, wie stark und in welcher Richtung unsere vermeintlich unabhängige Einstellung als Erwachsene durch die im Kindesalter erhaltenen Lehren beeinflußt und bedingt ist.

Unsere ganze Denkweise wird ja im aufnahmefähigsten Alter zuerst von der Familie und dann von der Schule auf gewisse Geleise geführt, die normalerweise nur wenig Abweichung gestatten, jedenfalls nicht ohne Anstrengung unsererseits. Familie und Schule stehen wiederum unter dem Einfluß der öffentlichen Meinung, die weitgehend von Staat, Erziehungswesen, Presse und anderen Medien geprägt wird. Wie weit all diese Institutionen in den demokratischen Ländern der Großfinanz und Großindustrie unterworfen sind, das wird den meisten Kindern nicht gesagt, weil Eltern und Schulmeister es selbst nicht wissen.

In den sogenannten Demokratien hängen nicht nur das Schulwesen, sondern auch Radio und Fernsehen wie in der Diktatur vom Staat ab, und die Presse verfügt wohl theoretisch und rechtlich über Meinungsfreiheit, kann sie jedoch in praxi nicht ausüben, da Zeitungen ohne Inserate nicht lebensfähig wären, wie hier bereits angedeutet wurde. Die weitaus wichtigsten Inserenten sind weltweit die chemischen Konzerne, die ja nicht nur für Abführmittel und Schmerztabletten Reklame machen, sondern für eine Vielzahl von Produkten – von Kosmetika bis Agrochemikalien. Zudem stehen diese Hauptindustrien mit allen anderen großen Industrien in engster geschäftlicher Beziehung und können auf sie den Druck »des besten Kunden« ausüben. Und ökonomischer Druck ist der allerstärkste.

Die Manipulation der öffentlichen Meinung ist weltweit und dient logischerweise überall immer nur den Interessen der herrschenden Klasse. In *The Drug Story* (Columbia Publishing Company, 1949, Washington) von Morris A. Bealle konnte man erschütternde Enthüllungen über diese Lage lesen; z. B.:

»Mit Standard Oil anfangend, haben die Rockefeller-Interessen bekanntlich das mächtigste industrielle Imperium gegründet und entwickelt, das die Menschheit jemals erlebt hat. Die Grundlage bildet die Chase National Bank mit 27 Filialen in New York City und 21 im Ausland. Das Rockefeller-Imperium besitzt Millionen von Aktien der führenden Konzerne.

»Die Rockefeller besitzen die umfangreichsten Verschachtelungen von pharmazeutischen Fabriken in der ganzen Welt und benutzen alle ihre Einflußbereiche zur Erhöhung des Medikamente-Umsatzes. Daß die meisten der 12000 Arzneien, die sich im Handel befinden, schädlich sind, ist dem Arznei-Trust völlig gleichgültig.

»Abgesehen von den Firmen, die vom Rokkefeller-Center aus dirigiert werden, gibt es weitere Hunderte – vielleicht Tausende –, die indirekt genauso entscheidend durch die Anleihen der Chase National Bank kontrolliert werden. Eine von diesen ist das Hearst-Zeitungs-Imperium.

»Achtzig Prozent der gesamten Werbeausgaben in den USA in Höhe von 1,5 Milliarden Dollars« (als der Dollar ein Vielfaches von dem wert war, was er heute wert ist – H. R.) »dienen dazu, die Information über Medikamente zu kontrollieren und zu manipulieren. Selbst die unabhängigsten Zeitungen sind von ihrer Nachrichtenagentur abhängig, und es besteht für einen Herausgeber oder Schriftleiter kein Grund für die Vermutung, daß eine Nachricht, die über den Draht von der ASSOCIATED PRESS, der UNITED PRESS oder des INTERNATIONAL NEWS SERVICE kommt, zurechtgestutzt, teilweise unterdrückt worden sein oder direkt vom Rockefeller-Center stammen könnte. Gerade das trifft aber zu.

»Bereits am 20. Januar 1940 hat das *Journal of the American Medical Association«* (Organ des mächtigen Ärzte-Syndikats – H. R.) »damit geprahlt, die *United Press* sei überredet worden, Richtlinien herauszugeben, die vorschreiben, daß alle Artikel über Behandlungsmethoden und menschliche Gesundheit durch sogenannte Mitarbeiter ihres New Yorker Büros genehmigt werden müssen. Das Ironische dabei ist, daß diese Mitarbeiter Morris Fishbein, den Diktator des Ärzte-Syndikats und Chefredakteur des Journal, als Sachverständigen anerkennen: Fishbein hat noch keinen Tag seines Lebens Medizin praktiziert und ist beim medizinischen Examen durchgeflogen.

»Im Direktorium des *Associated-Press*-Nachrichtendienstes hat der Medikamenten-Trust einen seiner Direktoren sitzen, und zwar keinen geringeren als Arthur Hays Sulzberger, Herausgeber der *New York Times* und somit einer der mächtigsten *Associated-Press*-Direktoren.

»Ferner ist das Hearst-Zeitungsimperium, das durch die Chase National Bank vom Rokkefeller-Trust abhängt, Besitzer des *International News Service.* Somit ist der amerikanische Nachrichtendienst zu 100 Prozent für Rockefeller gesichert.

»Die Wahrheit über erfolgreiche Behandlungen ohne Medikamente wird systematisch unterdrückt, falls es dem Zensor nicht zweckmäßiger erscheint, sie zurechtzustutzen bzw. nur die halbe Wahrheit zu berichten. Dieser Medikamenten-Zensor wird keine Nachricht gutheißen, die den Umsatz von Arzneien in irgendeiner Weise schädigen könnte. Damit erklären sich die vielen falschen Nachrichten über Serum- und andere Therapien, die schamlos an alle Zeitungen des Landes gehen.«

P.S. Der Verlag, der als erster Bealles Buch herausbrachte, existiert übrigens nicht mehr.

Zu Bealles Bericht ist zu bemerken, daß die systematisch verstellten Nachrichten der amerikanischen *AP, UP* und *INS* immer wieder von europäischen Nachrichtendiensten übernommen und weitergeleitet werden, als bare Münze. Ob ahnungslos oder nicht so ahnungslos, das spielt gar keine Rolle, da die Lage in Europa der amerikanischen sehr ähnlich ist.

Jedenfalls hat mehr als irgendein anderer einzelner Mensch auf der Welt der Gründer der Rockefeller-Dynastie, John D. Rockefeller I (1839–1937), zur weltweiten Verbreitung des Arzneimittelkonsums und der damit zusammenhängenden Tierversuchsmethode beigetragen, und zwar durch seine sogenannten humanitären Stifungen, die sich zur Zeit seines Todes auf 600 Millionen des damals noch außerordentlich kaufkräftigen Dollars beliefen.

Doch war es nur ein Bruchteil von dem, was ihm von seinen weitverzweigten, fast die ganze Welt umfassenden Geschäftsbeteiligungen zugeflossen ist. Seine Stiftungen waren so abgefaßt – wie z.B. Prof. Ferdinand Lundberg in *The Rich and the Super-Rich* (1968) berichtet –, daß sie seine kommerziellen Unternehmungen schirmten und förderten, vor allem aber seine Macht vergrößerten, was auf ein und dasselbe hinausläuft: Macht und Geld sind gleichbedeutend.

In seinem Buch macht Prof. Lundberg eine sehr eingehende Studie über diese Stiftungen der großen amerikanischen Unternehmen, und weist nach, daß diese nicht nur den »Wohltätern« ermöglicht, bis zu 91% Steuern einzusparen, sondern ihnen sogar erlaubt, durch die eigenen Stiftungen sich noch weiter zu bereichern. (Cfr. deutsche Ausgabe: *Die Reichen und die Superreichen,* Verl. Hoffmann & Campe, 2. Aufl. 69, Hamburg)

Rockefellers erste massiven »wohltätigen« Zuwendungen erfolgten 1902, als er zusammen mit seinem damals 28jährigen Sohn den *General Education Board* (Allgemeinen Erziehungsausschuß) und das *Rockefeller Institute for Medical Research* (Institut für medizinische Forschung) gründete, dazu noch die Universität von Chicago, die von ihm insgesamt $ 35 Millionen erhielt, wie der *Encyclopaedia Britannica* zu entnehmen ist. Was aber die wenigsten Menschen wissen, ist, daß auch diese Enzyklopädie ein Pflegekind der Rockefeller-Organisation ist, wie die allermeisten der anderen Textbücher und Informationswerke Amerikas, denn mit seinem großzügig finanzierten *General Education Board* hatte Rockefeller die »Erziehung« des amerikanischen Volkes übernommen – die Leitung des Erziehungswesens. Das ist, als ob sich Giacomo Casanova als Direktor in ein Mädchenpensionat eingekauft hätte. Rockefeller wurde nämlich verschiedener illegaler Machenschaften von den Gerichten seines Landes überführt.

In der Universität von Chicago und dem Rockefeller-Institut für medizinische Forschung, das in New York in sechs großen Gebäuden untergebracht war, hielt die massive Anwendung von Versuchstieren erstmals ihren Einzug. Denn Rockefellers Erziehungsausschuß setzte zunächst in den USA die Richtlinien für eine ausschließlich auf Tierversuche beschränkte Forschung, und die medizinischen »Fachleute«, Hauptnutznießer der Rockefeller-Freigebigkeit, wurden die »Gesetzgeber«, die den sogenannten Gesundheitsbehörden, ebenfalls Nutznießer des Rokkefeller-Systems, den Tierversuch als maßgebend für die Zulassung von immer neuen Medikamenten aufzwangen.

Im Sog der Rockefeller-Millionen breiteten sich Vivisektion und Arzneimittelkonsum sehr schnell weltweit aus. Das amerikanische Beispiel machte nämlich in allen Industrieländern Schule, wiederum mit Hilfe der immer zahlreicher werdenden »Institutionen ohne Gewinncharakter«, die von New Yorks Rockefeller Center aus dirigiert wurden – damals genauso wie heute noch.

Rockefellers einziger Sohn, JDR Jun., der vom Vater sehr sorgsam nach denselben Richtlinien erzogen worden war und dessen Stiftungen für ähnliche »Wohltätigkeiten« sich am Ende seines Lebens auf 400 Millionen Dollar beliefen, gründete 1923 das *International Education Board,* um die amerikanischen Prinzipien der Vivisektion und des Arzneimittelvertriebs ins Ausland zu exportieren.

Dieser Ausschuß lieferte zum Beispiel die Geldmittel für Gründung und Aufbau des *China Medical Board* sowie des *Peking Union Medical College.* Prof. Alan Nevins, Historiker an der New Yorker Columbia Universität, der eine lobhudelnde Biographie von JDR geschrieben hat – er vergleicht ihn mit Cecil Rhodes, Richelieu und Bismarck –, weist nichtsdestoweniger darauf hin, daß Standard Oil enorme Interessen in China hatte, wo der Konzern fast der einzige Lieferant von Erdöl war. Von Prof. Nevins stammt auch der Hinweis, daß die Rockefeller-Stiftung »Zuwendungen im Betrag von rund 45 Millionen Dollar für die Westernisierung der chinesischen Medizin, Wissenschaft und Erziehung« geleistet hat.

Der Columbia-Professor verschwieg jedoch, daß mit den Rockefeller-Millionen auch die »Richtlinien« des internationalen CHAV-Kombinats dem Chinesischen Staats- und Erziehungswesen aufgezwungen wurden, so daß die Chinesen in Kürze ihre billigen und erprobten Heilkräuter mit den teuren und gefährlichen synthetischen Arzneien aus dem Ausland ersetzten und ihre Ärzte angewiesen wurden, nur im Tierversuch erprobte Fakten als gültig zu erklären, sogar in bezug auf die altherkömmliche Akupunktur.

Auch verschwieg der Columbia-Professor, daß ungefähr gleichzeitig die massive Bebauung der chinesischen Mohnfelder und der jährlich steigende Schmuggel des Opiums und seiner Derivaten nach den Vereinigten Staaten einsetzte, gegen den das *Narcotics Bureau* damals wie heute noch praktisch hilflos zu sein scheint. Besser gesagt, wenn Schmuggler ergriffen werden, könnte es sich immer nur um Konkurrenten des Establishment-Drogengeschäfts handeln.

Jedenfalls, als China kommunistisch wurde und mit der neuen Regierung kein Handel mehr möglich war, verloren die Rockefeller-Stiftungen plötzlich jegliches Interesse an der »Aufklärung« des Chinesischen Volkes und verlegten ihre Tätigkeit nach Japan, Indien und Südamerika.

Daß JDR und JDR Jun. nicht selbst Opfer des Wahnglaubens an die Wirksamkeit und Notwendigkeit immer neuer synthetischer Arzneien waren, daß sie also nicht guten Glaubens handelten, geht daraus hervor, daß sich sowohl der mit 98 Jahren gestorbene Gründer der Dynastie als auch sein im Jahr 1960 als 86jähriger verstorbene Sohn bis an ihr Lebensende der besten Gesundheit erfreuten, indem sie chemische Arzneien sorgfältig mieden, und daß der Leibarzt von JDR Jun., Dr. Hamilton Fiske Biggar, ein homöopathischer Arzt war, der den Tierversuch einmal öffentlich als nutzlos und verrohend angeprangert hatte.

Heute setzen die verschiedenen Söhne des JDR Jun., die im Bankwesen, in der hohen Politik und als Leiter der immer zahlreicher werdenden »Stiftungen« tätig sind, das System ihrer Vorfahren fort.

Ein Beispiel: Nelson Rockefeller, einer der

eifrigsten Befürworter des Vietnam-Krieges und nicht weniger als viermal Gouverneur von New York, übernahm 1947 die Präsidentschaft von zwei neugegründeten, parallel verlaufenden Organisationen der Rockefeller-Brüder. Die eine war die IBEC *(International Basic Economy Corporation)*, die angab, die Lebensbedingungen der südamerikanischen Bevölkerung verbessern und dabei möglichst einen Profit machen zu wollen. Die andere war eine Institution ohne Gewinncharakter, also eine reine Wohltätigkeitsorganisation, AIA benannt *(American International Association for Economic and Social Development)*, die sich einfach vornahm, den Völkerschaften »Gesundheit, Bildung, Forschungsmöglichkeiten und Kredit zu liefern«. Nicht nur Rokkefeller-Geld stak in der letztgenannten Stiftung, denn verschiedene andere amerikanische Geschäftsfirmen hatten angefangen, denselben Wohltätigkeitsdrang wie die Rockefellers zu fühlen, und in der AIA figurierten als Partner andere mächtige Organisationen wie *The Sulphur Institute* (Schwefel) und *Pfizer Corporation* (Arzneimittel).

Die erste dieser beiden parallel-verlaufenden Organisationen, die IBEC, begann ihre Aktivität mit 2 Millionen Dollar, und wurde in kurzer Zeit, wie Prof. Lundberg berichtet, mit über 10 Millionen kapitalisiert. Rockefeller I, das organisatorische Genie, hatte tatsächlich ein System ausgeheckt und seinen Nachkommen beigebracht, mit dem man desto mehr Geld verdient, je mehr man zu »Wohltätigkeitszwecken« verschenkt.

Die Zensur der Nachrichtendienste zugunsten der Rockefeller wird, wie von Bealle beschrieben, stets fortgeführt. Wenn die vielfachen Interessen der Rockefeller-Gruppe aufgezählt werden, ist nie die Rede von ihrer Beteiligung an den Arzneimittelfabriken; nichteinmal im Lundberg-Buch, das sonst wahrscheinlich gar nicht erschienen wäre.

Der Einfluß der verschiedenen Stiftungen macht sich auch im Ausland bemerkbar. Dazu kommen die Gelder, die das amerikanische Gesundheitswesen (Rockefeller-Leute) zu »Forschungszwecken« zahlreichen ausländischen Staaten zukommen läßt, die den Produkten der kommerziellen Unternehmungen der USA keine Schwierigkeiten in den Weg legen.

In seiner ersten Wahlkampagne sagte der zukünftige Präsident Woodrow Wilson einmal: »Die Herrscher *(sic!)* der amerikanischen Regierung sind die vereinigten Kapitalisten und Industriellen der Vereinigten Staaten ... Angenommen, ihr geht nach Washington, um an die Regierung zu gelangen. Ihr werdet jedesmal feststellen, daß man euch zwar höflich zuhört, daß aber die Leute, die wirklich zu Rate gezogen werden, jene sind, die die größten Interessen vertreten – die großen Bankiers, die Großindustriellen, die wichtigsten Kaufleute, die Direktoren der Eisenbahngesellschaften und der Schiffahrtslinien. Zur Zeit ist die Regierung der Vereinigten Staaten ein Pflegekind der Spezialinteressen.« (Woodrow Wilson, *The New Freedom*, Doubleday, New York, 1913, S. 57/58)

Die obenerwähnten »Herrscher« der Vereinigten Staaten waren es, die keinen anderen als Woodrow Wilson selbst wenige Jahre später aus ökonomischen Gründen, die vor allem ihnen zunutzen gereichen sollten, wie inzwischen allgemein anerkannt worden ist, zwangen, in den Ersten Weltkrieg einzutreten, unter dem phantastischen Vorwand, »die Welt für die Demokratie zu sichern«. Wer genau waren diese »Herrscher«? Prof. Lundberg geht da verständlicherweise sehr vorsichtig vor mit seinen Anschuldigungen, aber wer sein Werk aufmerksam liest kommt zum Schluß, daß mit mutmaßlichen anderen wenigstens drei Leute ganz sicher dabei waren: an erster Stelle John D. Rockefeller I und die zwei einflußreichsten Bankiers jener Zeit, J.P. Morgan von New York und Andrew W. Mellon von Pittsburgh.

Doch das war den schweren Burschen der amerikanischen Industrie und Finanz noch lange nicht genug. Rockefellers wiederholte Versuche, das zaristische Rußland als Kunden für Standard Oil zu gewinnen, waren gescheitert, weil Rußland vor allem in Baku selbst Erdöl hatte. Das Naheliegendste war also (Prof. Lundberg sagt darüber jedoch nichts), den ersten russischen Aufstand nach dem militärischen Zusammenbruch im März 1917, den der Weißrussischen Offiziere, zu finanzieren, um die bösen Romanoffs mit einer der Standard-Oil-Expansion freundlicher gesinnten Regierung zu ersetzen. Allerdings mußte auch einem organisatorischen Genie wie Rockefeller einmal etwas schief gehen. Dem von ihm unterstützten Aufstand der Offiziere, der in der provisorischen Regierung von Kerenski gipfelte, folgte die Oktoberrevolution der Bolschewiken, und Kerenski mußte fliehen (ich traf ihn 1952 in New York, wo er vor wenigen Jahren starb), und aus einem Standard-Oil-freundlichen Rußland wurde nichts.

Daß Rockefeller I und seine Verbündeten für das Eintreten der Vereinigten Staaten in den Ersten Weltkrieg und als Folge davon für das Entstehen der ersten totalitär kommunistischen Weltmacht verantwortlich waren, darüber steht in der den Rockefellers gehörenden *Encyclopaedia Britannica* kein Wort. Dafür steht darin die groteske Behauptung, daß sich Rockefeller I bereits im Jahr 1911 vom aktiven Geschäftsleben zurückgezogen hatte und seine ganze Zeit damit verbrachte, den Großteil seines Riesenvermögens zu verschenken.

Über seinen Sohn, John D. Rockefeller, Jun., der in Wirklichkeit seinen Vater bei allen wichtigsten Machenschaften tatkräftig unterstützte und sie später fortsetzte und noch ausdehnte, steht lediglich, daß sein Leben vor allem philantropischen und sozialen Aktivitäten gewidmet war. Andere amerikanische Werke berichten, daß er »John the Good«, John der Gute, benannt wurde. Solch ist die Macht des Geldes.

Was zur Zeit des ersten Weltkriegs galt, gilt auch noch heute, sowohl in den USA als auch in den sogenannten Demokratien. Der Präsident der USA, wenn er nicht wie John Kennedy enden will, und die Regierenden anderswo, sind die Hampelmänner der mächtigen Geschäftsleute, der Großindustrie und der Hochfinanz, die mit den ihnen hörigen Medien das Volk einer systematischen Gehirnwäsche unterziehen. Mag eine solche Behauptung auch nach linksstehender Propaganda riechen, so entspricht sie nichtsdestoweniger den Tatsachen.

Plötzlich wird alles klar

Der Einfluß der Propaganda ist in den demokratischen Nationen sogar viel tiefgreifender als in irgendeiner Diktatur, gerade weil sie nicht durchschaut wird und unerkannt bleibt. Unter einer Diktatur weiß das Volk sehr wohl, daß die von oben gelieferten Nachrichten tendenziös sind, und es versucht, das Wahre vom Unwahren zu trennen. Die meisten Einwohner der sogenannten Demokratien haben davon gewöhnlich keine Ahnung, fallen also der Propaganda viel gründlicher zum Opfer, ohne sie jemals in Frage zu stellen.

Wer sich dieser Tatsache erst einmal voll bewußt ist, dem wird plötzlich alles klar. Man versteht dann, warum die mächtigen Konzerne trotz der allgemeinen Sorge um die Umweltverschmutzung den ökologischen Fragen und dem Umweltschutz meistens nur Lippendienst leisten und die Umwelt ungestört weiter verschmutzen dürfen. Wieso zum Beispiel die Untersuchungen, die die Schuld an der Katastrophe von Seveso abklären sollten, immer wieder lahmgelegt werden. Man versteht, warum trotz allgemeiner Ablehnung von Kernkraftwerken (was geschieht, wenn durch ein Erdbeben, von denen es jedes Jahr Hunderte gibt, so ein Kernkraftwerk zerstört wird?), solche Werke immer weiter gebaut und neue geplant werden. Man versteht auch, warum trotz des Protests zahlreicher Mediziner Tierversuche mehr denn je von den »Gesundheitsbehörden« und von der führenden Presse dem Volk als durchaus gültige Forschungsmethode aufgeschwatzt werden. Warum in Großbritannien sogar den Parlamentariern, von denen die Gesetzgebung über Tierversuche abhängt, der Zutritt zu den Laboratorien vom »Gesetzgeber« (alias Mitglied des CHAV-Kombinats) untersagt wird, wieso in einem englischen Laboratorium aufgenommene Bilder und Filme als ungesetzliche Ware beschlagnahmt werden können. Der Gesetzgeber hat ja dafür gesorgt, daß in den Laboratorien weder fotografiert noch gefilmt werden darf.

3. Teil: Gehirnwäsche

Wie man die Wahrheit unterdrückt

Nackte Herrscherin, das erste Werk, das auf globaler Basis die Schädlichkeit und Grausamkeit der heutigen pseudomedizinischen Forschung dokumentierte, erschien zunächst im Januar 1976 in Italien unter dem Titel *Imperatrice Nuda,* nachdem es ein paar Jahre lang von zahlreichen europäischen und amerikanischen Verlegern abgewiesen worden war.

Es erschien im Mailänder Buch- und Zeitungsverlag Rizzoli, der kurz zuvor durch Ankauf der *Corriere della Serà*-Verlagsgruppe zum wichtigsten Verlag Italiens und einem der größten Europas geworden war. In den ersten Wochen erschienen Auszüge aus dem Buch in zahlreichen Zeitungen der Rizzoli-Gruppe, wodurch die öffentliche Meinung Italiens in bezug auf Tierversuche zum erstenmal in Aufruhr geriet oder ihrer Existenz überhaupt gewahr wurde. Dann trat eine jähe Wendung ein.

Fast von einem Tag auf den anderen erschienen in denselben Zeitungen der Rizzoli-Gruppe heftige Gegenartikel von »Forschern«, die in Laboratorien tätig waren, und meine Erwiderungen wurden systematisch abgewiesen, so daß die Vivisektionisten das letzte Wort behielten. Dadurch waren sämtliche Tierversuchsgegner, ich in erster Linie, besonders aufgebracht, hatte ich doch jeden beliebigen Teil meines Werks der Rizzoli-Presse, sowie der allgemeinen italienischen Presse, selbstverständlich kostenlos zur Verfügung gestellt; aber nicht mit der Absicht, den Vivisektionisten das letzte Wort zu gewähren, das wie üblich die öffentliche Meinung zu beschwindeln versuchte. Auch wurde *Imperatrice Nuda* in keiner Rizzoli-Zeitung mehr erwähnt und verschwand in kurzer Zeit auch aus den Buchhandlungen, denen bei Nachbestellungen mitgeteilt wurde, es sei vergriffen, obwohl ich feststellen konnte, daß der Verleger noch fast zehntausend Exemplare auf Lager hatte. Was war geschehen?

Mit der Veröffentlichung von *Imperatrice Nuda* hatte der junge Angelo Rizzoli, der wenige Jahre zuvor die Verlagsgruppe vom Gründer, seinem Großvater, geerbt und das blühende Unternehmen in Kürze in eine finanzielle Notlage gebracht hatte, einen gewaltigen Fauxpas begangen. Er hatte das Buch nicht selbst gelesen, da große Verleger, bei denen fast täglich eine Neuerscheinung herauskommt, zum Bücherlesen, die Sache der Lektoren und Verlagsleiter ist, gewöhnlich keine Zeit haben. Der Verlagsleiter von Rizzoli, der das Buch angenommen hatte, wußte damals über die finanziellen Verwicklungen des Konzerns und das, was ein solches Buch nach sich ziehen würde, ebenso wenig wie ich.

Rizzolis Ankauf der *Corriere della Sera*-Verlagsgruppe, die ebenso tief in Schulden stak wie Rizzoli selbst, war durch eine massive Finanzierung von seiten des Chemiekonzerns Montedison ermöglicht worden, der mit seinen 145000 Arbeitsplätzen das politisch einflußreichste industrielle Unternehmen darstellte und dem die wichtigsten pharmazeutischen Firmen des Landes angehörten: Farmitalia, Carlo Erba u.a.m. Das zweitgrößte Unternehmen Italiens, die Fiat-Werke, hat nur rund 70000 Arbeitsplätze.

Anstandshalber hätte der Verleger den Autor über den Sachverhalt unterrichten und eine Lösung vorschlagen müssen, wie es fast zur gleichen Zeit in Deutschland geschah, als Bertelsmann *Weiße Magier* von Kurt Blüchel auf Druck der chemischen Industrie zurückzog, dem Autor aber die Möglichkeit bot, das Werk bei einem andern Verleger erscheinen zu lassen (Fischer), der keine Zeitschriften besaß und infolgedessen nicht unter Inserentendruck gesetzt werden konnte.

Solche Offenheit war aber im Lande des Machiavelli kaum vorstellbar. Meine wiederholten Anfragen, ob das Buch tatsächlich vergriffen sei, wurden vom Verlag nicht beantwortet. Erst nach Monaten erhielt ich positiven Bescheid zusammen mit der Ankündigung, der Verlag plane eine zweite Auflage, allerdings erst im Sommer, in der im Buchhandel toten Jahreszeit, und in einer Minimalauflage von etwas über zweitausend Exemplaren. Das war ein Mittel, das Buch noch monatelang aus dem Verkehr zu halten und mich daran zu hindern, es einem andern Verleger zu übergeben.

Als die Exemplare der zweiten Auflage nach Monaten endlich vorlagen, erhielten die meisten Buchhändler, die danach fragten, plötzlich wieder Exemplare der ersten Ausgabe. Inzwischen hatten aber sämtliche italienischen Zeitungen das Buch bereits besprochen gehabt und kamen nicht mehr darauf zurück.

Ein Jahr dauerte mein Kampf mit Rizzoli, die Rechte zurückzuerlangen und sie einem andern Verleger, Garzanti in Mailand, der nicht von der Pharma-Industrie abhing, zu übergeben.

Schon einmal war an die Öffentlichkeit gekommen, auf welche Weise der Chemieriese Montedison seinen Schuldner Rizzoli unter der Knute hielt. Wie das unabhängige Nachrichtenmagazin *Espresso* am 14. September 1975 berichtete, war Rizzoli gezwungen worden, eine ganze bereits gedruckte Auflage seiner Zeitschrift *Il Mondo* einzustampfen, weil sie eine kleine Abbildung enthielt, die der Direktion von Montedison nicht paßte: Am Eingangstor einer der vielen Montedison-Fabriken stand ein Arbeiter, der als Protest eine Gasmaske aufhatte und um den Hals ein Schild mit der Aufschrift trug »Unter diesen Umständen in dieser Fabrik arbeiten bedeutet den Tod.« Die gesamte Auflage mußte neu gedruckt werden, nachdem die peinliche Abbildung mit einer genehmeren ersetzt worden war.

Die Presse

In Mailand, der Finanz- und Vivisektions-Hauptstadt Italiens, räumte die wichtigste Tageszeitung, *Corriere della Sera,* wie alle anderen Zeitungen der Rizzoli-Gruppe, das letzte Wort einem Livio Zeller Celso ein, der sich bei näherer Betrachtung als ein Direktor des Pharma-Konzerns Farmitalia entpuppte.

Zweitwichtigste Tages-Zeitung Mailands ist *Giornale Nuovo,* von Indro Montanelli, einem der wichtigsten italienischen Journalisten gegründet, und zwar mit Hilfe eines zehnjährigen Inseraten-Vertrages von Montedison. An dritter Stelle steht *Giorno,* der halbstaatlichen Petrolgruppe ENI gehörend, die ihrerseits eine der Hauptaktionärinnen der Montedison ist. Somit ist der Montedison-Zeitungskreis geschlossen, was Mailand betrifft, da die viertgrößte Zeitung, *Notte,* kaum ins Gewicht fällt.

In der Hauptstadt Rom ist *Messaggero* die größte Tageszeitung; sie wurde vor einigen Jahren vom Montedison-Konzern käuflich erworben. Zweitgrößte ist *Paese Sera,* die von der Sozialistischen Partei am Leben erhalten wird, die ihrerseits von der Pharma-Industrie finanziert wird, weil sie im Fall einer politischen Umwälzung einen Fuß in der Tür behalten will. Beide Zeitungen weigerten sich, meine Richtigstellung in bezug auf unwahre Behauptungen über *Imperatrice Nuda* zu publizieren. In Neapel, drittgrößte Stadt Italiens, ist die größte Tageszeitung *Il Mattino,* ebenfalls mit Montedison-Geldern von Rizzoli erworben worden.

Nur die ganz wenigen großen Zeitungen, die von der Chemie unabhängig waren, durften es sich erlauben, lobend über das Buch zu berichten, wie Roms *Tempo,* Neapels *Roma,* die einem Reeder gehört, Turins *Stampa,* die von Gianni Agnellis Automobilwerken abhängt; und zahlreiche Provinzblätter von Norditalien bis nach Sizilien hinunter. Aber Rizzoli hatte dafür gesorgt, daß das Buch im wichtigsten Zeitpunkt nicht erhältlich war.

Ein peinlichst organisierter Betrug

Von zahlreichen Erfahrungen gewitzt, stellte ich eine Bedingung, ehe ich meine Teilnahme an einem der meistgesehenen Abendprogramme des italienischen staatlichen Fernsehens, *Scatola Aperta,* zusagte: Da es sich angeblich um eine Debatte zwischen dem Direktor des »Mario Negri«-Instituts, Prof. Garattini, und meiner »laienhaften« Wenigkeit handelte, bedingte ich mir ausnahmsweise das »letzte Wort« aus. Das Vivisektions-Establishment hat nämlich sonst immer das erste *und* das letzte Wort – in der Presse, in den Massenmedien, und selbstverständlich auf den Lehrstühlen der Universitäten. Das wurde mir wiederholt zugesichert, und ich begnügte mich mit dem Ehrenwort des Regisseurs Riccardo Vitale, der mich eigens zur Besprechung des Programms in der Schweiz besuchte. Zwei Tage lang wurden meine ausführlichen Antworten auf seine Fragen auf Tonband aufgenommen. Für die Aufzeichnung meines Teiles des Programms, die in einem großen Zoo südlich von Rom vorgenommen werden sollte, mußte ich mich einige Monate später nach Rom begeben.

Die »Debatte« fand überraschenderweise nicht direkt zwischen den beiden Widersachern statt, sondern zunächst wurde ich ganz allein vom Fernsehen interviewt. Einen halben Tag lang mußte ich im Zoo, von Affen und Giraffen umgeben, (um den Eindruck eines wohlmeinenden, harmlosen »Tierliebhabers« zu erwecken) Rede und Antwort stehen. Der Interviewer war ein Journalist des *Corriere della Sera,* Paolo Graldi, also bei der Zeitung angestellt, die dem Rizzoli-Montedison-Kombinat angehörte.

Er stellte mir genau dieselben Fragen, die der Regisseur Vitale Monate früher auf Tonband aufgenommen hatte, aber diesmal wurde mir nie erlaubt, eine Erwiderung sinngemäß zu Ende zu führen. Beispiel: *Paolo Graldi:* »Die Wissenschaftler behaupten, durch Tierversuche seien die Seuchen des Mittelalters eliminiert worden.« *Hans Ruesch:* »Aber das stimmt gar nicht ...«, und schon wurde ich mit einer neuen Frage unterbrochen, bevor ich die Medizinhistoriker nennen konnte, auf die ich meine Behauptungen stützte. Hartnäckig schob ich immer wieder meine Beweisführung ein, aber diese wurde jeweils systematisch ausgelassen, erschien im Programm also nicht. Das gefilmte Interview, das 70 Minuten dauerte, wurde im Endfilm auf 11 Minuten zusammengeschnitten, und zwar so zielbewußt verstümmelt, daß kein einziges meiner Argumente Hand und Fuß hatte.

Das als »Debatte« in der offiziellen Zeitschrift, *Radiocorriere,* wochenlang groß angekündigte Programm konnte überhaupt nicht als solche bezeichnet werden, denn die Diskussion war einseitig: Alle meine ohnehin verstümmelten Aussagen wurden meinem Widersacher, dem Prof. Garattini, der in weißem Kittel als Wissenschaftler getarnt in seinem Mailänder Büro interviewt wurde, vorgelesen, und darauf durfte er in aller Breite mit den traditionellen Unterschiebungen der Labor-Geschäftsleute erwidern. Seine Erwiderungen hörte ich erst im Laufe der Sendung. Auch war ihm das letzte Wort zugestanden worden, das, in leidenschaftlichem Ton vorgetragen, folgendermaßen lautete: »Mütter! Sollten wir neue Medikamente vielleicht an euren Kindern erproben, wie die Antivivisektionisten uns vorschlagen?«

In einem Schreiben an die italienische Presse berichtete ich ausführlich über diesen gezielten Betrug, den ich auch so nannte. Von den Mailänder Zeitungen druckte es erwartungsgemäß nur die von der Chemie-Industrie unabhängige *Notte* ab, unter dem Titel: »Hans Ruesch ist vivisektioniert worden«.

Deutschland

Im Jahr 1976 hatte ich verschiedene deutsche Verleger, darunter solche, die wie Rowohlt und Bertelsmann bereits andere Bücher von mir publiziert hatten, angefragt, ob ich ihnen das Manuskript eines Antivivisektionsbuchs, *Nackte Herrscherin,* zur Prüfung schikken könne. Keiner wollte es auch nur prüfen. Erwähnenswert ist die Antwort des großen Düsseldorfer Verlages Econ, der unter andern auch viele medizinische und wissenschaftliche Bücher herausgibt: »Wir könnten ein solches Buch nur dann herausbringen, wenn es gegen die Auswüchse der Vivisektion Stellung nimmt, aber nicht für ein totales Verbot plädiert... Wir dürfen Ihnen versichern, daß wir sehr wohl wichtige Meinungen veröffentlichen, daß es aber nicht unsere Aufgabe ist, extreme und gefährliche Meinungen zu verbreiten.«

Nackte Herrscherin fand schließlich bei dem damals noch wenig bekannten Verlag Hirthammer in München Aufnahme, der über die Hintergründe des Verlagswesens in bezug auf Vivisektion und pseudowissenschaftliche Forschung noch viel besser Bescheid wußte als ich. »Ich habe keine Zeitschriften«, sagte mir der Verleger. »Die Chemie-Industrie kann also auf mich keinen Druck ausüben.«

Alle deutschen Zeitschriften, die nach Erscheinen des Buches Artikel mit erschütternden Abbildungen von Labortieren veröffentlichten, machten die Wirkung zunichte, indem sie mit der Bemerkung schlossen, solange Krebs, Rheuma und viele andere Krankheiten nicht besiegt seien, könne man auf Tierversuche nicht verzichten. Bisherige einzige Ausnahme: *BUNTE.*

USA

Nachdem das Manuskript von *Nackte Herrscherin* in den USA, genau wie in Deutschland, von verschiedenen Verlagen, die andere meiner Bücher verlegt hatten, abgewiesen war, fand es schließlich bei Bantam Books Aufnahme, dem größten Taschenbuchverlag der Welt, der jährlich 350 bis 400 Neuerscheinungen veröffentlicht. Ich konnte meinem guten Glück kaum glauben – und ich hatte recht.

In seiner ersten Begeisterung über das Buch lud mich der Verlag im Januar 1977 nach New York ein, um seinen Anwälten die Gültigkeit meiner Dokumentation nachzuweisen und sich gegen etwaige gerichtliche Klagen abzusichern. Daraufhin ging das Buch in Produktion – ein 15monatiges Verfahren.

Im Laufe dieser Monate beteuerte mir der Verlag wiederholt seine Begeisterung, in Briefen eines der Verlagsleiter, Roger Cooper, der unter anderm schrieb:

6. Mai 1977: »Zum Abschluß, will ich wiederholen, wie begeistert wir alle hier bei Bantam über Ihr Buch sind und wie sehr wir uns verpflichtet fühlen, alle unsere Kräfte dafür einzusetzen. Oscar Dystel, der Präsident von Bantam, betrachtet *Nackte Herrscherin* als eine unserer wichtigsten Veröffentlichungen im 1978, und das soll Ihnen zeigen, was wir alle dafür empfinden.«

12. August 1977: »Wie Sie wissen, betrachten wir *Nackte Herrscherin* als einen der wichtigsten Titel für 1978, und wir bereiten uns vor, alle unsere Kräfte im kommenden Frühling dafür einzusetzen.«

Die Erstauflage sollte 200000 Exemplare betragen, was normal für einen großen Taschenbuchverlag in Amerika ist. Er kann ja mit 100000 Vertriebsmöglichkeiten im eigenen Land rechnen – so viele sind die Buchhandlungen, Kioske, Drugstores usw., die Taschenbücher führen, abgesehen von weiteren Zehntausenden im Ausland.

Das Erscheinungsdatum war auf den 3. April 1978, einen Montag, festgesetzt. Wenige Tage zuvor wurde mir durch ein Kabel aus Amerika mitgeteilt, daß Alice Siegert, die Bonner Korrespondentin der *Chicago Tribune,* mich in der Schweiz aufsuchen würde, weil die Zeitung in der Sonntagsausgabe vor dem Erscheinen des Buches unbedingt ein großes Interview darüber bringen wollte. Das schien die verschiedenen Gerüchte und die Aussagen von Bealle über eine in den USA strikt herrschende Zensur über Vivisektions- bzw. Pharma-Informationen Lügen zu strafen. Das Interview fand am 23. März statt, und Alice Siegert sandte es sofort durch Telex an ihre Zeitung in Chicago.

Am Sonntag, dem 2. April, teilte mir einer meiner Korrespondenten in Chicago telefonisch mit, das Interview sei nicht erschienen.

Seitens des Bantam Verlags hatte seit etlichen Wochen plötzlich Funkstille geherrscht. Meine Anfragen, ob ich nicht wie abgemacht in New York benötigt würde, um in verschiedenen TV-Programmen über das Buch zu sprechen, wurden nicht beantwortet. Mitte April flog ich auf eigene Rechnung nach New York, um mir Klarheit zu verschaffen. Den früher so begeisterten Verlagsleiter Cooper bekam ich in den drei Wochen meines Aufenthaltes nur einmal ganz flüchtig zu sehen. Er war immer wieder beschäftigt oder dabei, zu verreisen.

In den meisten New Yorker Buchhandlungen war die Neuerscheinung *Nackte Herrscherin* – in Amerika *Slaughter of the Innocent* betitelt – nicht erhältlich; nicht einmal bei Brentano, New Yorks größter Buchhandlung, die sich rühmt, stets sämtliche Neuerscheinungen namhafter Verleger und die meisten Bücher überhaupt auf Lager zu haben.

Inzwischen rief ich den Redakteur der *Chicago Tribune* an, Michael McGuire, der das Interview von Alice Siegert dringend verlangt hatte. Er sagte mir, die Publikation des Interviews sei unerwarteterweise zugunsten einer politischen Serie in der Sonntagsausgabe verschoben worden. Zweimal gab er mir ein genaues Datum an, an dem das Interview erscheinen würde. Es erschien nicht.

Das Buch wurde von keiner einzigen der führenden amerikanischen Zeitungen auch nur erwähnt, nicht einmal von der *New York Times Books Review,* die sich rühmt, kein einziges Buch eines namhaften Verlegers unbesprochen zu lassen. Es war das erstemal, daß ich eine solche Erfahrung machte, seit meinem ersten Buch, *Top of the World,* das 1950 in New York erschienen und von sämtlichen wichtigen Zeitungen ausgiebig besprochen worden war, wie auch die folgenden Bücher.

Ein Mitarbeiter der *New York Times,* den ich gut kannte und der einen Artikel über *Slaughter of the Innocent* an seine Zeitung geliefert hatte, fand zum erstenmal in zwanzig Jahren darin keine Aufnahme.

Mit Mühe und Not konnte ich herausfinden, daß statt 200000 Exemplaren nur 45000 gedruckt worden waren, was ein absolutes Minimum für eine Bantam-Neuausgabe darstellte. Die 45000 Exemplare waren trotz schlechtestem Vertrieb in kurzer Zeit vergriffen – sie waren größtenteils von verschiedenen Ligen durch Zeitungsinserate verkauft worden. Komischerweise figurierte *Slaughter of the Innocent* in Bantams Herbst-Katalog 1978 unter den wenigen Bestsellers – erhältlich war es aber in den USA fast nirgends.

Wie Unwahrheiten verbreitet werden

Schweiz: 1939

Angesichts eines möglicherweise bevorstehenden Referendums oder ähnlicher Volksinitiativen ist es notwendig zu wissen, was im Herbst 1939 in der Schweiz geschah. Da leistete sich der Große Rat von Basel, der Hauptstadt der eidgenössischen Chemie-Industrie, eine der unverfrorensten Einmischungen in die Angelegenheiten des Volkes, um es mit einem Trommelfeuer von nachweisbaren Unwahrheiten zu bewegen, gegen ein »Initiativbegehren betreffend den Erlaß eines Gesetzes zur

Einschränkung und Humanisierung der Vivisektion« zu stimmen.

Der Regierungsrat veröffentlichte vor den Wahlen einen 64 Druckseiten umfassenden »Bericht«, der am 9. September 1939 allen Mitgliedern des Großen Rates des Kantons Basel-Stadt und für weiteste Verbreitung allen Medien zugestellt wurde.

Falls ein Nachweis überhaupt noch nötig ist, daß sich Regierungen der vielgerühmten sogenannten Demokratien rückhaltlos in den Dienst der Chemie-Industrie stellen, so bildet dieser Bericht ein gutes Beispiel dafür.

Auszüge:

(Seite 6) »Durch Regierungsratbeschluß vom 17. März 1939 wurde dem Erziehungsdepartement und dem Sanitätsdepartement vom Entscheid des Großen Rates Kenntnis gegeben in der Meinung, daß die beiden Departemente das für die Berichterstattung an den Großen Rat erforderliche Unterlagenmaterial beschaffen sollen.

»Die beiden Departemente entledigten sich des Auftrages in der Weise, daß sie die beteiligten Amtsstellen, nämlich die medizinische Fakultät der Universität und das Gesundheitsamt, ferner die Leitung der chemisch-pharmazeutischen Industrie in Basel, um Erstattung von Gutachten über Zweck, Bedeutung und Anwendung des Tierversuches ersuchten. Auf das Ersuchen der beiden Departemente gingen folgende Gutachten ein:

»1) Gutachten der medizinischen Fakultät der Universität Basel ...

»2) Gutachten der pharmazeutisch-chemischen Industrie in Basel (Gesellschaft für Chemische Industrie in Basel, Chemische Fabrik vorm. Sandoz und Hoffmann-La Roche & Cie. A.-G. ...

»3) Gutachten des Gesundheitsamtes Basel-Stadt ...«

Der »Bericht« des Regierungsrates bediente sich keines anderen Gutachtens, obwohl ihm die Urheber der Initiative zwei Werke der Gegenmeinung von ausschlaggebender Bedeutung vorgelegt hatten: das Buch *1000 Ärzte gegen die Vivisektion,* in dem der Zürcher Zahnarzt Ludwig Fliegel die Meinung von ebensovielen Medizinern zitiert, die kompromißlos die Vivisektion als unwissenschaftlich anprangern, darunter zahlreiche Koryphäen der Medizin, sowie das klassische Buch des italienischen Chirurgen und Biologen Gennaro Ciaburri, das mit einer Einführung von Prof. Hans Much von Hamburg und Heidelberg, einem der angesehensten Biologen unseres Jahrhunderts, Autor von zwanzig wissenschaftlichen Werken, unter dem Titel *Die Vivisektion* auf deutsch erschienen ist.

Der auf diese Weise abgefaßte »Bericht« des Basler Regierungsrates hatte einen Ton und einen Inhalt, wie unter den gegebenen Umständen nicht anders zu erwarten war.

Wenn man bedenkt, daß auch die dem Laien harmlos erscheinenden Tierversuche in Wirklichkeit von unbeschreiblicher Grausamkeit sind, wie etwa die Toxizitätstests, bei denen verschiedene Tierarten zu Tausenden innerhalb von 15 Tagen einem qualvollen Gifttod erliegen *müssen,* die übrigen »nur« leiden, indem sie die Vergiftung gerade noch überleben, oder wie die Versuche, um sogenannte Beruhigungsmittel zu erproben, bei denen Katzen (gewöhnlich 200 aufs Mal) durch elektrische Schocks zum Wahnsinn getrieben werden – wenn man das bedenkt, dann erscheint der folgende Absatz auf S. 10 des Regierungsrats-Berichtes, der die Basler Bürger im Interesse der Industrie gezielt hinters Licht führte, als besonders heuchlerisch und verwerflich:

»Der Begriff ›Vivisektion‹ der Initiative ist irreführend und darauf berechnet, durch Aufzählung von phantastischen Grausamkeiten das Publikum zu täuschen. Der Tierversuch, wie er in der Industrie herangezogen wird, entspricht den Prinzipien des Tierschutzes.« *(sic!)*

Aber als gewichtigstes Argument für die Verwerfung der Initiative wurden immer wieder die *wirtschaftlichen Vorteile* der vorherrschenden Zustände ins Spiel gezogen:

(S. 7) »Die Annahme würde zu einer Situation führen, die für die Universität und die Wirtschaft katastrophal wäre ... Die wirtschaftliche Bedeutung der chemischen

Industrie für Basel ist bekannt. Muß die wissenschaftliche Forschung auf Grund eines weitgehenden Verbotes des Tierversuchs eingestellt werden, so besteht die drohende Gefahr der Abwanderung; denn der Tierversuch ist unzertrennlich mit dem Erfolg der pharmazeutisch-chemischen Industrie verbunden.«

Und nochmals (S. 10–11): »Wir denken an die für unsere Stadt so außerordentlich wichtige wirtschaftliche Seite der Frage ... Die wirtschaftliche Bedeutung der Basler pharmazeutischen Industrie ist so bekannt, daß sie nicht im einzelnen dargestellt werden muß ... Eine Abwanderung auch nur eines Teiles der chemisch-pharmazeutischen Industrie wäre für Basel ein äußerst empfindlicher Schlag ... Es würde das einen außerordentlichen, schweren Verlust für die ganze Wirtschaft Basels bedeuten ... Es wäre damit das Ende der Basler chemischen Industrie eingeleitet.«

Seinen eigenen, wenn auch deutlich von der Industrie stammenden Irreführungen fügt der Bericht die offiziellen Ausführungen der interessierten Kreise bei, nämlich die drei Gutachten, mit folgenden Angaben: I. »Gutachten der medizinischen Fakultät der Universität Basel« von Prof. Verzàr, Vorsteher der Anstalt für Physiologie, im Auftrage der medizinischen Fakultät verfaßt; II. »Gutachten der pharmazeutisch-chemischen Industrie in Basel«, das statt einer Unterschrift die gedruckte Bezeichnung »Gesellschaft für Chemische Industrie in Basel, F. H. Hoffmann-La Roche & Co., A.-G., Sandoz A.-G.« trägt; und III. »Gutachten des Gesundheitsamtes Basel-Stadt«, an das Sanitätsdepartement Basel adressiert und vom Vorsteher des Gesundheitsamtes Prof. Dr. Hunziker signiert.

Der Regierungsrat machte sich zum Sprecher der Vivisektions-Kreise, indem er (S. 6) bemerkte:

> »In den drei Gutachten wird das Problem des Tierversuchs in so klarer, vorzüglicher und erschöpfender Weise behandelt, daß es der Regierungsrat für gegeben erachtet, die Gutachten wörtlich zu veröffentlichen. Die drei Gutachten werden als Anhang diesem Bericht beigefügt. Diese Maßnahme enthebt den Regierungsrat der Aufgabe, selber noch ausführlich die Frage des Tierversuchs zu erörtern. Der Regierungsrat schließt sich den gutachtlichen Äußerungen in vollem Umfange an.«

Danach brauchte man nicht mehr zwischen den Bemerkungen des Rats und denen in den Gutachten zu unterscheiden. Alle zielten auf eine Beibehaltung des vivisektionistischen *status quo* ab. Auf S. 17 wendete sich der Bericht gegen die Tierversuchsgegner mit folgendem Argument:

> »Es wird zum großen Teil ausländisches, zum Teil viele Jahrzehnte altes Propagandamaterial benützt. Zum Teil handelt es sich um bewußte Irreführung des Volkes.«

Darauf kann man nur darauf hinweisen, daß die bewußte Irreführung des Volkes in diesen Behauptungen des Rates enthalten ist, und daß diese Irreführung besonders bedenklich in Anbetracht einer Regierungsstelle einer angeblichen Demokratie ist, die man unter diesen Umständen nur noch als eine Autokratie des industriellen Kapitals bezeichnen kann. Praktisch alles, was 1939 in ausländischen Laboratorien stattfand, ging auch in den Basler Laboratorien vor, und dasselbe gilt heute noch. Der Hauptunterschied zwischen gestern und heute besteht darin, daß heute unvergleichlich viel mehr experimentiert wird als damals und immer mehr »höhere Tierarten« benutzt werden; wenn irgendwie möglich, Menschenaffen; sehr oft auch – ohne ihr Wissen – Menschen, und zwar möglichst unbemittelte geistesschwache Spitalpatienten ohne Anhang.

Ein weiterer Angriff gegen die Antivivisektionisten im Bericht des Regierungsrates:

> (S. 17): »Sie identifizieren den wissenschaftlichen Tierversuch mit Tierquälerei und verschweigen, daß die von ihnen gezeigten Bilder mit verschwindenden Ausnahmen Versuche darstellen, die an narkotisierten, beziehungsweise für Schmerz vollständig unempfindlich gemachten Tieren vorgenommen werden.«

Antwort: Von »Fachleuten« kommend, ist das eine unverschämte, wohlerwogene Lüge.

Die oben erwähnten, wochenlang dauernden Toxizitätstests, die in der Schweiz die Mehrzahl aller Experimente bilden, sowie die fast ebenso häufigen Schmerzexperimente für angeblich »neue« Analgetika und Beruhigungsmittel (es sind meistens immer dieselben Präparate mit minimalen molekularen Änderungen, damit man sie als »neu« registrieren kann) *können gar nicht* an narkotisierten Tieren vorgenommen werden, was auch jedem denkenden Laien einleuchten muß. Aber um ihre lukrative Praxis ja nicht gefährdet zu sehen, scheuen sich die Vivisektionisten heute ebensowenig wie damals, zu behaupten, daß sogar die »Schmerzexperimente« völlig schmerzlos seien.

Weitere offizielle Irreführungen

Aus dem Bericht des Basler Regierungsrates, I. Anhang, Gutachten der medizinischen Fakultät der Universität Basel:

> (S. 22): »Wenn es heute zum Beispiel dem Chirurgen möglich ist, nach einem Verkehrsunfall, bei welchem nach einer Schädelverletzung epileptische Anfälle auftreten, durch die Schädelwand in das Gehirn einzudringen und mit Millimeter-Genauigkeit den Ort zu finden, wo der Knochensplitter, der alles das verursacht, sitzt, und diesen dann zu entfernen, so ist das nur deshalb möglich, weil zuerst an Hunden und später an Affen jene Stellen festgestellt wurden, von welchen aus derartige epileptische Krämpfe ausgelöst werden können.«

Hier kann man sich nur fragen, ob der Vorsteher der Anstalt für Physiologie in Basel, Prof. Dr. Verzàr, der als Verfasser dieses Gutachtens gezeichnet hat, bewußt lügt oder guten Glaubens nur seine eigene Ignoranz an den Tag bringt. Ganze Jahrzehnte von Experimentierwut und Hekatomben von Kaninchen, Katzen und Menschenaffen später hatten die Physiologen durch Tierversuche immer noch nichts hinzugelernt zu dem, was bereits der 1911 verstorbene englische Gehirnspezialist Hughlings Jackson entdeckt und beschrieben hatte, und zwar durch intelligente Beobachtung hirnverletzter Patienten.

Peter Hayes, Professor an der Universität Alberta und ältester Lehrbeauftragter für Psychiatrie am Londoner St. George Hospital, sagt weiterhin zum Thema in seinem monumentalen Werk *New Horizons in Psychiatry* (Pelican Books, London, 1971), das man zur Zeit als das vollständigste und aufschlußreichste Werk über das Gehirn und seine Funktionen betrachten kann:

»Mit der verlorenen Hoffnung auf Gehirnlokalisierung ging auch die Hoffnung verloren, die Neurochirurgie könnte jemals für die psychiatrische Behandlung im ganzen von großer Bedeutung sein.«

Und im *Science Digest* (November 1972) schrieb der hochangesehene Wissenschaftler W. H. Wheeler: »Die meisten Gehirnforschungen sind an Katzen und Affen betrieben worden. Es ist gewagt, derartige Daten auf das menschliche Gehirn zu übertragen ... Das Vorhandensein der Funktionsbereiche des Gehirns als solche ist des langen und breiten erörtert worden, aber es fehlt immer noch der unwiderlegbare Beweis.«

Das schrieb ein wirklicher Kenner der Materie im 1972; doch 1939 entblödete sich ein Dekan der Basler Fakultät nicht, mit Hilfe des Regierungsrates der Öffentlichkeit vorzugaukeln, die Hirnprobleme seien gelöst, die Lokalisierung der Hirnfunktionen sei eine gegebene Tatsache – und zwar dank Tierversuchen! Zehn Jahre später sollte ein anderer Schweizer Professor, Walter Hess von der Zürcher Universität, aufgrund systematischer Folterung von rund 350 Katzen gar den Nobelpreis erhalten für seine Studien über angebliche »Hirnlokalisierung« – Studien, die sich seither samt und sonders als nutzlos und verkehrt herausgestellt haben, und diejenigen, die sie als Begründung für den Nobelpreis angegeben hatten, lächerlich gemacht haben. (Für Einzelheiten s. *Nackte Herrscherin,* Kapitel »Das Gehirn«.)

Weiter im Bericht:

(S. 24): »Wenn Europa heute eine Kindersterblichkeit von 5 % im ersten Lebensjahr gegenüber 30 % vor acht Jahrzehnten hat, wie es auch noch heute in vielen tropischen Ländern der Fall ist, so verdanken wir das den Erfolgen der auf der Bakteriologie basierenden Hygiene. Ebenso, daß die Infektionskrankheiten wie Pest, Cholera, Typhus und Tuberkulose, die noch im 19. Jahrhundert einen ungeheuren Prozentsatz von Todesfällen in Europa geben, heute zum Teil verschwunden, zum Teil in starkem Abnehmen sind.«

Die letzten Behauptungen stimmen durchaus. Irreführend ist jedoch die Tatsache, daß sie überhaupt im Zusammenhang mit Vivisektion erwähnt werden, da Tierversuche nichts mit der Wiederentdeckung der Wichtigkeit, die der hippokratischen Hygiene zukommt, zu tun hatten. Die Seuchen des Mittelalters verschwanden nicht durch Tierversuche, sondern sie begannen schon 50 Jahre vor Einführung der allgemeinen Impfung zu verschwinden. Ihr (noch lange nicht vollständiges) Verschwinden ist der Einführung der Hygiene und den verbesserten Lebensbedingungen zuzuschreiben. Alle Medizinhistoriker – Henry Sigerist, René Dubos, Ivan Illich u.a.m. – sind sich darin einig. (S. *Nackte Herrscherin,* Kapitel »Vakzine und andere Verwirrungen« ff.)

In der Erkenntnis, daß nur geistig schwerbelastete Individuen der unheimlichen Grausamkeiten der Tierversuche überhaupt fähig sind – also Individuen, die keineswegs die Fähigkeit haben können, das feine Spiel der sich gegenseitig beeinflussenden psychischen und physischen Funktionen im menschlichen Organismus zu begreifen –, und daß große Schichten der Bevölkerung solche Grausamkeiten nicht dulden würden, wenn alle Leute darüber unterrichtet wären, bemüht sich auch die Propagandaschrift der Basler Regierung, die öffentliche Meinung mit der Erwähnung der Narkose einzuschläfern:

(S. 29): »Bei allen Versuchen wird Narkose verwendet, ausgenommen einfache Injektionen unter die Haut oder Blutentnahme ... Alle Operationen beim Tier werden unter denselben Kautelen ausgeführt wie beim Menschen. Meist erhalten die Tiere schon im Stall, von ihnen unbemerkt, eine narkotisierende Injektion und werden vielfach in der Narkose, noch vor Beendigung des Versuchs, getötet.«

Ein weiterer Versuch, die öffentliche Meinung zu narkotisieren:

(S. 41): »Seit vielen Jahren findet eine offizielle Kontrolle der mit dem Tierschutz sich beschäftigenden Universitätsinstitute durch einen Sachverständigen statt. Dieser wird in Basel von der Kuratel der Universität ernannt, und gegenwärtig ist er ein Dozent der inneren Medizin.«

Also beaufsichtigen sich die Experimentatoren selbst!

In bezug auf die Abbildungen in den Broschüren der Antivivisektionisten, wie etwa in diesem Heft, heißt es:

(S. 43): »Die Verbreitung und Darstellung dieser Bilder läßt an eine Geschmacksverirrung der Sammler denken.«

Frage: Wie steht es wohl mit dem Geschmack der Experimentatoren, ohne die diese Sammlungen gar nicht hätten entstehen können?

Im II. Gutachten der pharmazeutischen Industrie wird ohne Umschweife die Behauptung aufgestellt, daß wesentlich dank dem Tierversuch folgende Krankheiten jetzt »weitgehend überwunden sind: Cholera, Pest, Pocken, Flecktyphus, Diphterie, Keuchhusten, Scharlach, Kinderlähmung, Tuberkulose, Syphilis.« Es ist nicht möglich, in der vorliegenden Schrift die Geschichte der Medizin nachzuerzählen, die die Unwahrheit solcher Behauptungen nachweist. Aus der Geschichte geht hervor, daß der (noch lange nicht feststehende) Sieg über die genannten Krankheiten keineswegs dem Tierversuch zu verdanken ist, sondern daß im Gegenteil ihre Erforschung durch Tierversuche immer wieder um Jahre hinausgezögert worden ist. Zum Beispiel versuchte Robert Koch wiederholt, alle möglichen Tierarten mit dem Cholera-Bazillus zu infizieren. Nach Jahren merkte er, daß der Cholera-Bazillus, wie der der meisten Humankrankheiten, im Tier augenblicklich stirbt, also sich in ihm nicht entwickeln kann.

Aber die Lüge wird auf der nächsten Seite des Berichts sogleich wiederholt, allen historischen Tatsachen zum Trotz, in der Gewißheit, daß die große Masse sich niemals die Mühe geben wird, die Geschichte der Medizin zu erforschen, sondern bereitwillig alles als bare Münze hinnimmt, was ihr von oben in einer offiziellen Schrift vorgesetzt wird:

> (S. 47): »Wir kennen Cholera, Pest, Wundstarrkrampf, Malaria, Tuberkulose, Syphilis so genau, daß wir nicht nur um den Krankheitserreger, sondern auch um seine krankheitserregenden Eigenschaften und um seine Eintrittspforten in den Körper wissen. Diese Erkenntnis mußte über Opfer an Tieren gehen.«

Kein einziger verantwortlicher Arzt würde sich heute erdreisten, diese Behauptung schriftlich zu wiederholen und mit seinem Namen zu signieren. Aber der gezielte Betrug der ärztlichen »Sachverständigen« wurde 1939 offiziell unterstützt von einer Regierungsstelle, nämlich vom Gesundheitsamt Basel-Stadt, in dem an das Sanitätsdepartement adressierten Gutachten:

> (S. 59): »Die Ausführungen der genannten Gutachten decken sich mit unseren Ansichten.«

Verlauf einer Abstimmung

Die Giftmittel-Industrie hatte bereits 1939 noch andere Mittel als nur die Politiker zur Verfügung, um ihre lukrative Tätigkeit uneingeschränkt am Leben zu erhalten. Vor der Abstimmung überschwemmte sie die Stadt mit Plakaten und Flugblättern, die Zeitungen mit kostspieligen Inseraten und sandte Tausende von Rundschreiben an die Leiter aller größeren Basler Firmen mit dem dringenden Ersuchen, im Interesse der Stadt und ihrer Einwohner ihre Arbeiter und Angestellten zu bewegen, »Nein« zu stimmen. Zudem wurden die Angestellten der Pharmariesen täglich von der Direktion gewarnt, daß sie ihre Stellung einbüßen würden, falls das Gesetz angenommen würde, und verschiedene Gewerkschaftsleiter wurden bewogen, im gleichen Sinne auf ihre Mitglieder einzuwirken.

Am 15. Oktober ließ das Radiostudio Basel die Ansprache eines Vivisektors, des Vizedirektors der Firma Sandoz, Dr. Rothlin, zu, verweigerte aber eine Entgegnung der Tierversuchsgegner.

Eine weitere Verfälschung der öffentlichen Meinung wurde dadurch bewerkstelligt, daß man wenige Tage vor der Abstimmung in öffentlicher Volksversammlung durch den Sekretär des Basler Sanitätsdepartements Dr. K. Huber dem Verdacht Ausdruck verlieh, das Geld für die Antivivisektions-Propaganda stamme aus dem Ausland – und zwar von der Konkurrenz der Basler chemischen Industrie! Diese Behauptung wurde dann durch die Basler Treuhandgesellschaft auf Kosten ihres Urhebers als Lüge zurückgewiesen, aber inzwischen hatte sie ihre Wirkung getan, denn sie hatte sich wie ein Lauffeuer in der ganzen Stadt verbreitet.

Am skandalösesten aber war das Verhalten des Basler Tierschutzvereins, der eine Woche vor der Abstimmung plötzlich Flugzettel verteilte und sich in Zeitungsinseraten gegen das neue Gesetz aussprach.

In den allerletzten Tagen rafften sich einige Vivisektionsgegner zusammen, griffen in die Tasche und versuchten, mit ihren beschränkten Mitteln Inserate aufzugeben, die jedoch von den Basler Zeitungen abgewiesen wurden.

Schweiz: 1978

Die Unwahrheiten von 1939 werden periodisch widergespiegelt. So erschienen 1978 vor der Abstimmung in der Schweiz über ein neues Tierschutzgesetz, das die Vivisektionsgegner ablehnten, weil es keinerlei Besserung im Vivisektionswesen vorsah, plötzlich ganze Serien von Artikeln in den führenden Schweizer Zeitungen, »Ohne Tierversuche geht es nicht« betitelt. Ein solcher Artikel erschien zum Beispiel im Zürcher *Blick,* von Dr. Walter Strasser, der als »Forscher bei Ciba-Geigy« präsentiert wurde und unter anderen folgende wohlbekannte Märchen erzählte, offenbar in der Hoffnung, daß es, wenn eine Unwahrheit oft genug wiederholt wird, immer einige Leute geben wird, die sie als Wahrheit betrachten: »Für Erfinder und Hersteller chemischer und pharmazeutischer Substanzen ist der Tierversuch sehr oft vom Gesetzgeber zwingend vorgeschrieben ... Für die Prüfung zum Tierversuch gibt es höchstens noch die Alternative des Versuchs am Menschen, wie sie tatsächlich von völlig abwegigen Tierfanatikern bereits postuliert wird.«

Das sind zwei besonders schlimme, wenn auch traditionelle Lügen. Was den »Gesetzgeber« anbelangt, auf den sich dieser Sprecher von Ciba-Geigy scheinheilig beruft, so ist hier schon hervorgehoben worden, daß die Gesetzgeber in pharmakologischen Fragen allenthalben Mitglieder des CHAV-Kombinats sind. Und es stimmt nicht, daß die Vivisektionsgegner Versuche am Menschen verlangen – ganz im Gegenteil. Sie prangern auch diese Versuche an, die gerade von den Experimentatoren selbst immer wieder ohne Wissen der Patienten vorgenommen werden, ganz offenbar, weil die Tierversuche ihnen nichts Wertvolles beigebracht haben. (Siehe auch *Nackte Herrscherin:* »Menschliche Versuchskaninchen« und *STILLER/WEISS: Tödliche Tests – Experimente mit Tieren und Menschen.*)

In der Schweizer Zeitschrift *Weltwoche* erschien am 13. September 1978 eine sehr augenfällig präsentierte Buchbesprechung von *Nackte Herrscherin,* gezeichnet vom »wissenschaftlichen« Mitarbeiter Peter M. Ronner.

Warum sämtliche Schweizer Establishment-Blätter einem solchen Buch nicht sehr gewogen sein können, das geht aus anderen Kapiteln dieser Schrift hervor. Von der Lektüre muß ja dem Schweizer Volk mit jedem Mittel abgeraten werden. Das kann auf verschiedene Arten bewerkstelligt werden.

Aus Mangel an stichhaltigen Argumenten war diesem Peter M. Ronner nichts Gescheiteres eingefallen, als sich eines wohlbekannten, unseriösen Tricks zu bedienen: er zitierte ein paar aus dem Zusammenhang herausgegriffene Sätze des Buches und setzte sie, erst noch verstümmelt, unter einem von ihm frei erfundenen, demagogischen Titel, der ein ausgesprochen humanitäres Werk als anti-humanitär erscheinen ließ. Das ist nicht nur schlechter, sondern unehrlicher Journalismus, allerdings zu erwarten von einer Zeitung, die kurz zuvor mit schwerer Besorgnis den Entschluß der indischen Regierung beklagt hatte, keine Versuchsaffen mehr an den Westen zu liefern, (weil sie herausgefunden hatte, zu welch schändlichen Zwecken die Tiere im Westen verwendet werden).

Peter Ronner betitelt seine Besprechung: »Statt Ratten – Mediziner« und schloß sie nach einer Serie von Angriffen so: »Ruesch verkündet, um Tiere und Patienten schützen zu können, das Patentrezept, daß ›Mediziner an sich selbst und aneinander experimentieren, falls sie es notwendig finden. Das sollten die einzigen gesetzlich zulässigen Versuche sein‹.«

Nun waren diese Sätze meinen Ausführungen über *Menschenversuche* entnommen, in denen ich die immer häufiger werdenden Versuche anprangere, die von den Experimentiernarren oft mit tödlichen Folgen in Krankenhäusern vorgenommen werden, und zwar mit Vorliebe an Waisen, geistig Debilen, Greisen ohne Angehörige, an Insassen von Irrenhäusern und Gefängnissen, an abgetriebenen, aber lebenden Feten – kurz, an solchen, die der Willkür der sogenannten Forscher ebenso hilflos ausgeliefert sind wie die Versuchstiere. Ich setze mich in diesem Kapitel wie in allen andern für Humanität ein, wohingegen das Elaborat von Peter Ronner ganz gezielt darauf abgesehen war, ein humanitäres Buch als menschenfeindlich erscheinen zu lassen. Nirgends sage ich »Statt Ratten – Mediziner«.

So forderte ich die *Weltwoche* auf, den ganzen Absatz, dem das Zitat entnommen war, zu publizieren. Sich auf Platzmangel berufend, wies die Redaktion mein Anliegen ab. Hier folgt nun der gesamte Absatz:

»Ethisch gerechtfertigt sind Experimente an Menschen nur, wenn man sie mit Freiwilligen vornimmt – aber an Freiwilligen, die im Vollbesitz ihrer Geisteskräfte sind und unter keinerlei Druck stehen. Das schließt alle Kinder, Zurückgebliebenen und Geistesgestörten aus, alle Sträflinge, alle Militärs und alle Mitglieder einer Organisation, auf die irgendein psychologischer Druck ausgeübt werden kann. Abgesehen davon, daß Gesundheit im allgemeinen kein Geheimnis ist, so daß fortgesetztes Experimentieren entweder ein Zeichen von Infantilismus (immer noch im spielerischen Stadium) oder von Gewinnsucht oder einfach Wichtigtuerei ist, kann sicher niemand etwas dagegen haben, wenn Mediziner an sich selbst und aneinander experimentieren, falls sie es notwendig finden. Das sollten die einzigen gesetzlich zulässigen Versuche sein, weil die Mediziner imstande sind – wenigstens wollen wir es annehmen –, die möglichen Risiken und den zu erwartenden Nutzen abzuschätzen« (Aus *Nackte Herrscherin,* 9. Teil).

Als »die reiche Zürcher Tante« ist den Schweizern das Sprachrohr des Eidgenössischen Establishments bekannt, das sich selbst aber *Neue Zürcher Zeitung und Schweizerisches Handelsblatt* nennt und regelmäßig die Interessen des internationalen CHAV-Kombinats vertritt.

Genau neun Monate brauchte die Zeitung, um ihre Leser von der Existenz von *Nackte Herrscherin* in möglichst abschreckender Weise in Kenntnis zu setzen, dennoch wurde daraus eine Fehlgeburt. Es geschah im Rahmen eines eineinhalb Seiten umfassenden Artikels zugunsten der Tierversuche, vom »wissenschaftlichen« Mitarbeiter Dr. Herbert Cerutti verfaßt und lediglich mit den üblichen Abbildungen von kerngesunden, fröhlich am Reck turnenden weißen Mäusen illustriert. (*NZZ* 29. 11. 78)

Nackte Herrscherin wurde mit folgenden Worten abgetan: »Hans Ruesch füllt die 427 Seiten seines Buches vorwiegend mit einem grauslichen Sammelsurium von an unschuldigen Tieren im Namen der Wissenschaft und der medizinischen Forschung begangenen Brutalitäten.«

Nun besteht das Buch aber aus elf Teilen, wovon nur ein einziger Teil vorwiegend von Experimenten berichtet, mit einem Querschnitt von »wissenschaftlichen«, von den Experimentatoren selbst verfaßten Protokollen. Und dieser Teil beginnt mit folgender Erklärung: »Der Leser kann diesen dritten Teil unbeschadet überschlagen. Er sollte es sogar tun. Warum ich trotzdem Zeit und Papier für diesen Teil opfere? Weil viele Vivisezierer einfach abstreiten werden, daß diese Dinge tatsächlich geschehen; und hier ist nun der Beweis, daß sie geschehen, die ganze Zeit, Tag und Nacht in Tausenden von Laboratorien überall in der Welt.«

Die anderen zehn Teile befassen sich mit der Geschichte der Medizin, die ich von den angesehendsten Historikern unseres Jahrhunderts gelernt habe, darunter Henry E. Sigerist, den ich persönlich kannte, und der allgemein als der hervorragendste gilt. Er hatte den Lehrstuhl für Medizingeschichte in Leipzig und dann an der Johns Hopkins Universität inne. Ferner wird anhand der bestehenden wissenschaftlichen Schriften unwiderlegbar nachgewiesen, daß die Humanmedizin dem Tierversuch nichts als verheerende Schäden verdankt. Untermauert werden diese Beweise mit Zitaten von Hunderten von Medizinern, die zu den angesehensten gehören. All das umgeht Dr. Cerutti bedenkenlos. Für ihn existiert nur der dritte Teil, von dem ich dem Leser abgeraten hatte.

Dafür läßt er es sich nicht nehmen, anstatt jemals die Autoren der »grauslichen« Experimente zu kritisieren, vehement diejenigen anzugreifen, die sie mißbilligen. Nur in einem tiefen Schuldgefühl kann die Motivation für solche immer stark emotionell gefärbten Attakken gegen die Vivisektionsgegner liegen.

Frankreich

Man kann ganze Bibliotheken füllen mit Beispielen, auf welche Weise allein in den allerletzten Jahren dem Publikum mit Presseartikeln, Radio- und Fernsehsendungen weisgemacht wurde, daß der Tierversuch ein unerläßlicher Bestandteil des menschlichen und tierischen Wohlergehens sei, wohingegen es der Opposition nur ganz selten erlaubt ist, zu Wort zu kommen: Je stichhaltiger ihre Argumente sind, desto weniger werden sie veröffentlicht.

Am 29. Juli 1977 erschien in der Pariser Tageszeitung *Figaro* ein Artikel, »Versuchskaninchen oder Mensch ...« betitelt, von einem Prof. J.-P. Cachera, der seinem Namen die Bezeichnung »Chirurg in den Spitälern« hinzufügte. Der Artikel strotzte von traditionellen Unwahrheiten und Dummheiten, angefangen beim Titel, und nannte als Beispiele für den Wert der Vivisektion ausgerechnet einige der schlimmsten Schlappen der heutigen Medizin.

Mit anderen Kennern der Lage schrieb ich an die Redaktion und widerlegte mit gründlicher Dokumentation eine einzige der zahlreichen Irreführungen, und zwar die »wunderbare Blalock-Operation«, die in *Nackte Herrscherin* unter »Chirurgie« eingehend besprochen ist. Ferner erbat ich Platz, um die anderen Dummheiten dokumentarisch zu widerlegen, und schloß mit dem Angebot, jedem Leser des *Figaro* auf Verlangen ein Exemplar meines französischen Technischen Rapports kostenlos zukommen zu lassen, in dem unter anderm 150 angesehene Ärzte zitiert sind, die Tierversuche als unwissenschaftlich angeprangert hatten. Die Zeitung druckte nur den Ausgangspunkt meines Briefes ab, aber weder die dokumentarische Entgegnung noch mein Gesuch, den gesamten Artikel zu widerlegen, ebensowenig meine Offerte des Technischen Rapports.

Süd-Afrika

Die gezielt irreführenden Behauptungen der Vivisektoren, die in den meisten wichtigsten Medien immer bereitwillig Aufnahme finden und eingleisig als Wahrheit propagandiert werden, machen sich weltweit hörbar. In der *Cape Times* vom 28. Juni 1977 forderte Dr. Christian Barnard die Antivivisektionisten heraus nachzuweisen, daß die medizinische Wissenschaft ohne Tierversuche irgendeinen Fortschritt hätte erreichen können. Eine in einer Zeitung veröffentlichte Herausforderung setzt logischerweise das Recht einer Replik, wenigstens in den Spalten derselben Zeitung, voraus. Aber von der umfassenden, aufschlußreichen Antwort der SAAAPEA, der Süd-Afrikanischen Antivivisektionsliga, veröffentlichte die *Cape Times* nur einen Bruchteil und ließ dabei die sachdienlichen Ausführungen geflissentlich aus.

Deutschland

Der als Tier- und Naturschützer bekannte deutsche Journalist Horst Stern kündigte für den Herbst 1978 eine dreiteilige Fernsehserie »Bemerkungen über Tiere in der Pharmaforschung« an, die er für den Süddeutschen Rundfunk produziert hatte. So war in der Nr. 42 der Schweizer TV-Zeitschrift *Tele* zu lesen: »Nach monatelangen Gesprächen und Verhandlungen gelang es dem Tierschützer endlich, die Forscher des Schweizer Pharmakonzerns Ciba-Geigy davon zu überzeugen, daß es nur einen einzigen erfolgversprechenden Weg zur nötigen Versachlichung des Streits gibt: die rückhaltlose Offenheit dieser wissenschaftlichen Arbeit und die Diskussion über ihren ethischen Inhalt.«

Damit waren die Weichen für eine abermalige, sorgfältig inszenierte Irreführung der öffentlichen Meinung durch die Massenmedien gestellt, wenn auch nicht nahezu so verschlagen wie das, was sich das italienische staatliche Fernsehen mit dem Programm »Scatola Aperta« geleistet hatte. Aus der »rückhaltlosen Offenlegung« wurde nichts, wie nicht anders zu erwarten war, da der Film unter Mitwirkung der Ciba-Geigy in ihren Mauern gedreht wurde. Horst Stern und der Süddeutsche Rundfunk wurden unvermeidlicherweise zum Instrument der Pharma-Industrie.

Im ersten der drei Teile sah man vor allem Mäuse – die unter den Menschen nicht allzuviele Freunde haben –, die »unter Narkose« aufgeschlitzt wurden, und ein Sprecher der Firma durfte unangefochten behaupten, daß praktisch sämtliche Experimente unter Narkose ausgeführt werden. (Ich selbst konnte dabei nicht umhin, an die zwei ehemaligen Laborantinnen in meinem Bekanntenkreis zu denken, die beide ihre Stelle in der Pharma-Industrie aufgegeben hatten, weil sie es nicht mehr mitansehen konnten, wie selbst in den wenigen Fällen, wo man Narkose hätte anwenden können, die Mäuse ohne jegliche Narkose aufgeschnitten werden.)

Das alte Märchen der Narkose paßte jedenfalls nicht mehr so genau auf den zweiten Teil der Sendung, in dem Ratten auf elektrische Schocks reagierten; aber wie sie verendeten, wurde dem Zuschauer erspart. Man sah Katzen, die mit Kanülen im Hirn frei herumliefen, aber man sah sie nicht, wie sie mit elektrischen Schocks zum Wahnsinn getrieben wurden oder ihnen die Schädeldecke abgesägt wurde. Man sah einen Affen, der sich in Krämpfen am Käfigboden wälzte, was wohl grausig genug war; aber sofort setzte die Gehirnwäsche ein, denn mit trauervoller Stimme verkündete Horst Stern, daß so etwas für einen Affen wohl schlimm sei, aber ein Mensch im selben Zustand einem doch mehr leid tun müsse. Stern sagte nicht, daß ein solcher Anfall bei einem epileptischen Menschen ein Krankheitssymptom ist, das spontan seinem Organismus entspringt, wohingegen der Anfall des Affen künstlich durch elektrische Schocks, Vergiftungen, oder Hirnverletzungen induziert wird, so daß die beiden Anfälle in Wirklichkeit nichts miteinander gemeinsam haben; nur die äußeren Anzeichen täuschen eine Ähnlichkeit vor.

Eine besonders schlimme Irreführung, die man nicht einfach der Unwissenheit des Journalisten zuschreiben kann, bestand darin, daß der uneingeweihte Zuschauer zwangsläufig annehmen mußte, daß dank diesem sich in Krämpfen wälzenden Affen Epileptiker geheilt werden. Aber noch schlimmer und unentschuldbarer war die Irreführung im letzten Teil, in dem immer wieder Paraplektiker und andere körperlich Behinderte kommentarlos auf dem Bildschirm paradierten; dazwischen wurden Bilder von Versuchstieren in bester Verfassung eingeblendet, womit bildlich angedeutet wurde, wenn wir diese Kranken heilen wollen, könne es nur durch den Tierversuch geschehen.

Mit Sätzen wie »Mensch bleibt Mensch« und »Sind wir bereit, Schmerz und Krankheit zu ertragen« umging Stern die notwendige Erörterung von Wissenschaftlichkeit und Nützlichkeit der Tierversuchsforschung und schob dem Publikum als Verbraucher von Medikamenten die Verantwortung für die Tierexperimente zu; wohlverstanden, nie erwähnend, daß das Publikum durch gründliche, langanhaltende Gehirnwäsche, wofür Stern selbst das beste Beispiel lieferte, dazu abgerichtet worden ist.

Die zahlreichen namhaften Ärzte und Wissenschaftler, die die Tierversuchsforschung als Fehlentwicklung der Medizin ablehnen, ließ Stern nie zu Wort kommen. Er begnügte sich damit, einige arbiträr aus dem Text herausgenommene Sätze eines einzigen Heftes, *Tierversuch und Tierexperimentator* vom Ärztepaar Herbert und Margot Stiller, hin und wieder auf dem Bildschirm erscheinen zu lassen. Gelegentlich als »kritisch« der Pharma-Industrie gegenüber gab sich Stern aus, wenn er zum Beispiel unerschrocken nach den »schönen Umsätzen« von Ciba-Geigy fragte. Solche Fragen konnten ihm die Pharmaleute nicht übelnehmen, wußten sie doch, daß nichts die einträgliche Tierversuchsforschung besser rechtfertigen kann als eine scheinbar »kritische« Sendung eines »mutigen« Journalisten wie Horst Stern.

Der Film erwirkte so viele Briefe empörter Zuschauer, die ihn verharmlosend und einseitig gefunden hatten, daß sich Stern sofort daran machte, sich in einem Buch zu rechtfertigen, wobei er – bezeichnenderweise – nicht Befürworter sondern Gegner der Tierversuche attackierte. Ciba-Geigy war davon so begeistert, daß sie viele Tausende von Exemplaren den deutschen und Schweizer Ärzten schenkte.

Fünfte Kolonne

Dieser Ausdruck stammt aus dem Spanischen Bürgerkrieg in den dreißiger Jahren. Als General Queipo de Llano mit vier Kolonnen von Rebellen auf Madrid zumarschierte, sprach er von seiner »fünften Kolonne«, die ungesehen für seine Seite kämpfte, die Aktionen der Gegner sabotierte, ihm die Tore öffnen und in jeder erdenklichen Weise den Einzug in die Hauptstadt erleichtern werde. Seither bedeutet der Ausdruck Hinterlist, Verrat, Trojanisches Pferd.

Als Hitler seine Wehrmacht im Hinblick auf seine Eroberungsfeldzüge aufzubauen begann, wurde nicht wenig Geld, Arbeit, Studium und Vorbereitung aufgewendet, um in den zu erobernden Gebieten eine Fünfte Kolonne aufzubauen, die den inneren Widerstand lahmlegen sollte. Hitlers Fünfter Kolonne in Frankreich ist es zuzuschreiben, daß ein anfänglich unwahrscheinlich erscheinender Feldzug zu einer Spazierfahrt wurde. Es bestätigte sich, daß ein einziger, aber an der richtigen Stelle eingesetzter Verräter oder Saboteur mehr Schaden als eine ganze Division einrollender Soldaten anrichten kann.

Wenn der Vorsitzende eines Antivivisektions-Verbandes Tierversuche nützlich und unvermeidlich nennt, außerdem harmlos für die Tiere, wenn er ferner die Antivivisektionisten der Ignoranz und Gefühlsduselei bezichtigt, so macht das dem Durchschnittsmenschen selbstverständlich einen viel tieferen Eindruck, als wenn ein Vivisektor oder der Sprecher einer pharmazeutischen Firma sich ähnlich ausdrückt.

Die Antivivisektions-Verbände hätten große Propaganda- und Aufklärungsaktionen mit Zeitungsinseraten und Plakaten unternehmen sollen, hätten öffentliche Demonstrationen und Protestwellen ihrer Mitglieder organisieren, ja Journalisten dingen sollen, um dem Volk die Augen in Sachen Vivisektion zu öffnen. Das ist überhaupt nicht oder nur sehr ungenügend geschehen. Vor dem Erscheinen von *Nackte Herrscherin* – in Deutschland vor dem Erscheinen des Stillerschen Buches *Tierversuch und Tierexperimentator* – wußte die Öffentlichkeit meist überhaupt nicht, daß es so etwas wie Vivisektion gibt und welche Ausmaße sie angenommen hat.

Es hat sich nämlich herausgestellt, daß in vielen Ländern die sogenannten Tierschutzvereine und sogar einige Antivivisektions-Ligen von den Interessen der chemischen Industrie infiltriert worden sind, und daß vielerorts die Vorsitzenden die Fünfte Kolonne der Pharma-Industrie bilden.

Diese Infiltration ist nicht immer krasser Bestechung zuzuschreiben, sondern wurde oft mit folgenden Argumenten bewerkstelligt: »Ihr wißt, daß die Forschung zum Wohle des Menschen, die uns am Herzen liegt, auf Tierversuche nie wird verzichten können. Es wäre unrealistisch, dieser Tatsache gegenüber die Augen zu schließen. Wir von der pharmazeutischen Industrie unterstützen gerne euren Verein, wir sind ja alle Tierfreunde, wie sämtliche Experimentatoren, wir halten daheim selbst Hunde, Katzen, Meerschweinchen und Kanarienvögel, und unsere lieben Kinder zählen zu den begeistertsten Mitgliedern des Tierschutzvereins. Wir haben ihnen die Tierliebe beigebracht. Mit namhaften jährlichen Zuschüssen wird unsere Firma eurem Verein ermöglichen, das Hundeheim zu finanzieren, eure Aufklärungsschriften zu verbreiten, mit denen ihr neue Mitglieder werben und euch gegen das Kupieren von Hundeohren einsetzen könnt.

So, und nicht anders, kann Tierschutz wirklich schützen.«

Nun kann man vom Durchschnittsmenschen nicht verlangen, daß er von Medizin und Forschung mehr versteht als die Mediziner und Forscher selbst und erkennt was in Wirklichkeit gespielt wird. Es gibt also Vorsitzende von solchen Vereinen, die der üblichen Gehirnwäsche voll erlegen sind und tatsächlich die Überzeugung hegen, man könne Tierversuche niemals abschaffen und höchstens erreichen, daß die Labortiere sauber gehalten und anständig gefüttert werden, bevor sie den Experimentatoren ausgeliefert werden; alles andere sei unrealistische Gefühlsduselei. Daß die Behauptung, jegliche Grausamkeiten Tieren gegenüber sei mit dem angeblichen »Wohle der Menschheit« zu rechtfertigen, die allerschlimmste Art von Gefühlsduselei ist, scheint ihnen nie aufgefallen zu sein. Jedenfalls können einige dieser Leute nur der Unwissenheit und vielleicht mangelnder Intelligenz bezichtigt werden.

Es gibt aber auch Vereinsleiter, die emsig, aktiv und ganz bewußt die Interessen des CHAV-Kombinats vertreten.

Daß es bis zum Erscheinen von *Nackte Herrscherin* noch keinem Menschen gelungen ist, die Ausmaße der Vivisektion und die internationale Organisation, die dahinter steckt, aufzudecken, kommt wohl daher, daß offenbar niemand bisher in der Lage war – sei es aus Finanz- oder Sprachgründen, aus Zeitmangel oder anderen Mängeln –, die Hintergründe auf internationaler Basis zu erforschen.

Das Bestehen einer internationalen Organisation, die im Dunkeln arbeitet, tritt klar zutage, wenn man das Verhalten und die Aussagen einiger führender »Tierschützer« und angeblicher Antivivisektionisten verschiedener Länder unter die Lupe nimmt und miteinander vergleicht. Das soll hier nun geschehen.

Österreich:

Dr. med. vet. Josef König

In Wien gibt sich zur Zeit (1978) ein Veterinär-Rat Dr. Josef König als Haupttierschützer aus. Er ist ständiger Mitarbeiter für Tierschutzfragen der Wiener Tageszeitung *Kurier,* hat eine tierärztliche Praxis mit Röntgeninstitut in der Wiener Innenstadt, ist mit einem »Hundesalon Noblesse« eng verbunden, und außerdem ist er noch Präsident der sogenannten »Liga gegen Tierquälerei und Mißbrauch von Tierversuchen«. Daneben ist dieser vielseitige »Tierschützer« aber auch Mitglied der »Staatlichen Kommission für Tierversuchsangelegenheiten« – beschönigende Bezeichnung für den Ausschuß, der unlängst die Legalisierung der Vivisektion in Österreich erwirkt hat. Ihm obliegen zudem die »Kontrollen« in den Vivisektionslaboratorien, deren große Verdienste er nie anzupreisen vergißt.

Immer wieder erscheinen Aufrufe in der österreichischen Presse für mehr Spenden und mehr Mitglieder der von ihm geleiteten Liga, aber viele Mitglieder treten nach kurzer Zeit aus, wenn sie seine Artikel zu sehen bekommen, wie etwa einen, der im *Kurier* am 30. Januar 1978 erschienen ist, in dem unter anderem stand:

»Aus Gram über die Tierversuche mag der Betreffende Magen- oder Kopfschmerzen bekommen, dann greift er zum Pulver, ohne zu bedenken, daß dieses – wie jedes andere Medikament – im Tierversuch erprobt wurde. Ich möchte denjenigen Tierversuchsgegner sehen, der seine Gelbsucht nicht mit allen in der modernen Medizin vorhandenen Mitteln bekämpft oder sich die Zähne ohne Narkose ziehen läßt.«

Daß die Entdeckung der Anästhesie nicht etwa dem Tierversuch, sondern wie die meisten medizinischen Entdeckungen dem Zufall zuzuschreiben ist, scheint diesen »Doktor« nicht zu stören, falls er es überhaupt weiß. Wichtig scheint ihm jedenfalls zu sein, für Arzneimittel nach Möglichkeit Reklame zu machen, oder aber, wie am Schluß desselben Artikels, in dem er kein Wort des Tadels gegen die Experimentatoren verlauten läßt, noch schnell den Antivivisektionisten – die er angeblich vertritt – einen Hieb zu versetzen: »Es hat seinen Grund, daß ausgesprochene Tierversuchsgegner in derartige Kommissionen« (für Tierversuchsangelegenheiten, Gesetzgebung und Labor-Kontrollen – H.R.) »nicht aufgenommen werden, z.B. Schweiz, Dänemark, Österreich: Man fürchtet Emotionen und unsachliche Argumente, die letztlich zu gar nichts führen. Im Gegenteil, man lacht darüber. Und Lächerlichkeit ist das Ärgste, was dem Tierschutz passieren kann.«

Aber sicherlich hat sich noch kein Tierschutzgegner so lächerlich gemacht wie ein Tierarzt, der anzugeben versucht, die *Wirksamkeit* eines Pülverchens gegen Magen- oder Kopfschmerzen eines Menschen sei im Tierversuch nachgewiesen worden. Und kein Tierversuchsgegner hat sich jemals so lächerlich gemacht, wie dieser »Doktor«, der weismachen möchte, durch Tierversuche habe man die Gelbsucht erfolgreich bekämpft; denn erstens sind Tiere für Gelbsucht nicht anfällig, und zweitens kennt die moderne Medizin heute noch keine besseren Mittel zur Heilung der Gelbsucht als diejenigen, die bereits Hippokrates vorgeschrieben hat: Hygiene und Bettruhe.

Dieser Königsschmarren wird in einem Brief wiederholt, den derselbe Dr. vet. am 15. März 1978 dem *Kurier* zustellte, den aber nicht einmal diese Zeitung als veröffentlichungswürdig erachtete, den ich jedoch trotzdem zu sehen bekam. Darin schimpft er nochmals auf die Antivivisektionisten, die sich erlauben, die Contergan-Tragödie zu erwähnen, und bedient sich der wohlbekannten Irreführung der Vivisektoren, indem er behauptet: »Gerade hier wurden *zu wenig* Tierversuche durchgeführt und die Untersuchung der Auswirkung auf die nächste Generation versäumt. Zum Segen der Amerikaner sind dort die Gesetze strenger: auch die Nachkommenschaft bis ins dritte und vierte Glied muß überprüft werden, und Contergan kam nicht auf den Markt.«

Leider können nur die wirklichen Sachverständigen, die die Contergan-Tragödie gründlich studiert haben, den gezielten Betrug dieser Behauptung aufdecken. Dr. König faßt seine Aussage so ab, daß der Uneingeweihte annehmen muß, Contergan sei in Amerika nicht auf den Markt gekommen, weil man bei Versuchstieren Mißbildungen festgestellt hat. Das war keineswegs der Fall. Contergan kam in den USA nicht auf den Markt, weil die amerikanischen Forscher, die das Mittel an Tieren erprobten, keinerlei beruhigende Wirkung feststellten und sich *deswegen* nicht entschließen konnten, es als Beruhigungsmittel zuzulassen. Nochmals war somit der Unterschied zwischen Tier und Mensch erwiesen.

Ferner bemühte sich Dr. König, im selben Brief wieder ein bißchen Reklame für die Pharma-Industrie zu machen. Er ließ es sich nicht nehmen, ihre *wirtschaftliche* Bedeutung hervorzuheben. Er klagt über die in *Nackte Herrscherin* vorkommenden »Vorwürfe gegen die Schweizer Pharma-Industrie«, von der er sagt, daß sie »in alle Welt exportiert und keinesfalls nur die Schweizer Bürger kuriert. Ihre Tätigkeit schafft Arbeitsplätze und beeinflußt die Handelsbilanz in Richtung Aktivseite.«

Welsche Schweiz:

Dr. med. vet. Samuel Debrot

Wenn sogar ausländische Verbandsvorsteher wie Dr. Josef König den günstigen Einfluß der Pharma-Industrie auf die schweizerische Handelsbilanz lobpreisen, kann man sich gut vorstellen, daß ihren Amtsgenossen in der Schweiz ebenfalls vor allem das Wohlergehen dieser Industrie am Herzen liegt.

Präsident der *Société Vaudoise Protectrice des Animaux* (Tierschutzverein des Kantons Waadtland) ist zur Zeit (1978) der als großer

Tierschützer sich ausgebende Lausanner Veterinär Dr. Samuel Debrot, dessen Tierliebe ihn allerdings nicht gehindert hat, auch das Amt eines Schlachthausdirektors zu übernehmen. Um ja keinen Zweifel an seinen tierschützerischen Bestrebungen aufkommen zu lassen, amtet er außerdem als Herausgeber der Zeitschrift des Lausanner Tierschutzvereins. In der Juni-Nummer 1978 erschien von ihm folgende Antwort auf einen Leserbrief, der die Abschaffung der Vivisektion forderte:

»Der Mensch hängt vom Tier ab – nicht nur für Nahrung und Bekleidung, sondern auch für seine Gesundheit. Ihre Forderung, die Tierversuche abzuschaffen, ist nichts anderes als Utopie oder Heuchelei. Denken Sie daran das nächstemal, wenn Sie eine Arznei einnehmen, die an Tieren erprobt wurde ... Falls Sie eines Tages im Krankenhaus landen, denken Sie daran, daß die meisten operativen Methoden zunächst an Tieren erprobt wurden. Unzählige Menschen sind täglich in den Händen der Ärzte, erhalten Transfusionen, werden narkotisiert usw., lauter Maßnahmen, für die die Tiere dem Menschen zum Nutzen gereicht haben.«

In einem Brief an einen Leser in Lausanne, René Henri Roth, der mehr Aktivität gegen Tierversuche verlangt hatte, schrieb Dr. Debrot am 27. Mai 1978: »Ihre Zeilen spiegeln die Meinung von all denen, die nicht nur das Problem Tier und Mensch nicht kennen, sondern sich auch keine Rechenschaft darüber ablegen, in welchem Ausmaß sie von Tierversuchen abhängen, da doch sowohl sämtliche Medikamente als auch sämtliche Operationen an Tieren erprobt worden sind, bevor man sie beim Menschen angewendet hat. Daran sollten Sie, sofern Sie konsequent sind, das nächstemal denken, wenn Sie zu einem Aspirin greifen.«

Wieso ziehen diese angeblichen Tierschützer alle Argumente der Vivisektoren immer wieder ins Spiel, so verkehrt sie auch sein mögen? Wie das Beispiel des Aspirins, das ohne Tierversuche entdeckt wurde und wahrscheinlich nie in Gebrauch gekommen wäre, wenn man es präventiv an Tieren erprobt hätte, für die es hochgiftig ist und bei denen es sogar zu Mißbildungen führen kann. Warum lassen sie nie die viel stichhaltigeren Argumente der Antivivisektionisten gelten, die auf der Geschichte der Medizin beruhen?

Wenn ein Mensch von der Unentbehrlichkeit der Tieropfer für das Wohlergehen der Menschen so überzeugt ist, wie dieser Dr. Debrot zu sein scheint, dann muß man sich fragen, wer ihn wohl zum Vorsitzenden eines Tierschutzvereins ernannt hat. Man kann sich aber kaum wundern, daß gegen ihn im Sommer 1978 vom Vorsitzenden der Nationalen Liga von Florenz (LAN) zusammen mit der Vorsitzenden der Tessiner Liga nach langwierigen Nachforschungen, an denen auch das schweizerische Zollamt teilnahm, Anklage erhoben wurde: Nachdem er von einem Hundeheim in Florenz abgewiesen worden war, das er um »zweijährige, gesunde, mittelgroße Hunde männlichen Geschlechts« ersucht hatte, habe er von zwei norditalienischen Hundeheimen Hunderte von Hunden übernommen und sie nach Lausanner Laboratorien verschoben.

Deutsche Schweiz:

1. Hans Peter Haering

Es wurde bereits beschrieben, wie der Tierschutzverein Basel 1939 mithalf, die Abstimmung über ein Gesetz zu vereiteln, das die Vivisektion »humaner« gestalten sollte, jedoch der Chemie-Industrie – laut ihren Aussagen – geschadet hätte. Daß sich seither im Basler Tierschutz nichts geändert hat, erwies sich 1978. In diesem Jahr sollte über ein neues Tierschutzgesetz abgestimmt werden, das wie immer den heißen Vivisektionsbrei umging. Irgendeine Änderung in der Vivisektion sah das neue Gesetz überhaupt nicht vor. Deswegen forderte die Genfer Antivivisektionsliga eine Ablehnung des Gesetzes, nachdem sie die nötigen Stimmen für ein Referendum gesammelt hatte.

Der Basler Tierschutz bemühte sich genau wie 1939 wieder, die Interessen der Chemie-Industrie zu wahren und jegliche Störung der unbeschränkten Vivisektion im Keime zu ersticken. Herr Hans Peter Haering, Zentralsekretär des Basler Tierschutzvereins und zugleich Zentralsekretär des Schweizer Tierschutzes, schrieb bereits am 11. Januar 1978 an den Präsidenten der Genfer Liga, Henri Kunz, der bald darauf aus Altersgründen zurücktreten sollte, um die Liga von ihrem Vorhaben abzubringen.

Aus seinem Brief: »... Wenn wir aber ein Referendum dieses guten Gesetzes, das wirklich viele sehr fortschrittliche Positionen umfaßt, ergreifen, machen wir uns a) bei allen Politikern unmöglich ... b) bei allen Tierfreunden lächerlich. *Wir dürfen das den Tieren nicht antun!* ... Sehr geehrter Herr Kunz, versuchen Sie doch um Gottes Willen die Liga zu bewegen, das Gesetz nicht anzugreifen ... Wir würden uns nicht nur vor allen unsern Schweizer Tierfreunden, sondern auch vor dem gesamten Ausland lächerlich machen, wenn wir eines der besten Tierschutzgesetze Europas torpedieren.«

Als eines »der besten Tierschutzgesetze Europas« erachtet also der Zentralsekretär des Basler und Schweizer Tierschutzes eines, das im Gegensatz zu der Gesetzgebung der meisten andern europäischen Länder überhaupt keinen Schutz für die Labortiere vorsieht, außer, daß sie in möglichst gutem Gesundheitszustand den Experimentatoren ausgeliefert werden.

2. Prof. Dr. Rudolf Schenkel

Ein Monat vor dem Referendum, am 1. November 1978, öffnete die vivisektionsfreundliche *Weltwoche* genau wie andere Establishment-Zeitungen abermals ihre Spalten weit für einen jener offiziellen Tierschützer, deren Hauptaufgabe darin zu bestehen scheint, die Tierversuche zu verteidigen und die Vivisektionsgegner anzugreifen: Prof. Dr. Rudolf Schenkel, von der Zeitung präsentiert als »Zoologe und Ethologe an der Universität Basel, Präsident des Basler Tierschutzvereins, Präsident der ›Kommission Tierversuche‹ des Schweizer Tierschutzes, Mitglied der staatlichen Kontrollkommission für Tierversuche, Basel.«

Wie Horst Stern, versuchte auch dieser Herr die Schuld für die Tierversuche »auf uns alle« abzuschieben:

»Es ist aber weder recht noch billig, sondern scheinheilig und verlogen, wenn wir nun versuchen, die Schuld auf einzelne Institutionen abzuschieben. Schuld am Grauenvollen sind wir alle, als Konsumenten, Produzenten, Wissenschaftler, Politiker und Regierende.« So der Professor Schenkel.

Schuld sind in erster Linie aber Leute wie er, der damit beauftragt ist, das Grauenvolle zu stoppen, dafür aber alle erdenklichen Gründe erfindet, um es am Leben zu erhalten. Darunter gehört auch die traditionelle, offenbar aus einem tiefen Schuldgefühl herrührende emotionelle Attacke gegen die Antivivisektionisten: »Tierschützer, die behaupten, Medikamente ließen sich mittels Gewebekulturen und Computern entwickeln und prüfen und das Festhalten an Tierversuchen sei reiner Sadismus, verbreiten nicht nur eine absurde Lüge, sondern sie arbeiten gegen die Solidarität, ohne die wir das Grauenvolle nie werden eindämmen können.«

Wir aufgeklärte Antivivisektionisten wollen das Grauenvolle aber nicht »eindämmen«, Herr Professor, wie Sie zu beabsichtigen scheinen, indem wir Vereine wie den Ihren unterstützen, sondern wir wollen es *abschaffen.*

3. Fred Bieri

Der Tierschutzverein der Landeshauptstadt Bern, als dessen Präsident Prof. Dr. med. vet. Ulrich Freudiger aus Liebefeld amtet, weist in seinem Vorstand unter anderen einen Herrn Fred Bieri aus Muri auf, der zugleich (ähnlich wie Dr. J. König in Wien) »Präsident der Kommission für wissenschaftliche Tierversuche« ist, also zu jenen »Tierschützern« zählt, die mit dem Vivisektions-Establishment kollaborieren, die Antivivisektionisten bekämpfen und sowohl die Verbandsmitglieder als auch die Öffentlichkeit im Interesse der Pharma-Industrie systematisch irreführen. Herr Fred Bieri schreibt 1978 im offiziellen Mitteilungsblatt des Tierschutzvereins:

»Wissenschaftliche Tierversuche sind eine Tatsache, eine Notwendigkeit, mit der wir uns abfinden müssen ... Die bereits erwähnte Kommission hat im Jahre 1977 wiederum zahlreiche Inspektionen in Instituten, die wissenschaftliche Tierversuche durchführen, vorgenommen. Die angetroffenen Verhältnisse hinsichtlich Tierhaltung, aber auch die Mentalität gegenüber den Versuchstieren dürfen als zufriedenstellend und ermutigend bezeichnet werden.«

Also noch ein vivisektionsfreundlicher Tierschützer, der sich selbst mit Genugtuung auf die Schulter klopft und alles daran setzt, daß die lukrative Giftindustrie und die ihr die Stange haltenden Universitätsgroßmäuler und -Psychopaten ermuntert werden, genauso weiterzumachen wie bisher. Die Aufsichtskommissionen werden schon dafür sorgen, daß das Volk weiter unter Narkose gehalten wird.

Deutschland:

Prof. Dr. Dr. Bernhard Grzimek

Als Herausgeber der Monatszeitschrift *Das Tier*, die sich »die größte Tierzeitschrift der Welt« nennt, figurieren drei als Tierschützer weit über ihre Landesgrenzen bekannte Persönlichkeiten: Prof. Dr. Dr. B. Grzimek, berühmt für seine Tierbücher und -filme, Prof. Dr. H. Hediger, bis vor kurzem Direktor des Zürcher Zoos, und der für seine Verhaltensforschungen mit dem Nobelpreis ausgezeichnete Prof. Dr. K. Lorenz.

1975 brachte die April-Nummer dieser Zeitschrift einen auf der Titelseite hervorgehobenen Leitartikel »Tierversuche – ja oder nein?«, von Prof. Grzimek gezeichnet, der folgende Leitgedanken enthielt:

»Unsere gesamte Medizin – die erfolgreiche Bekämpfung so vieler Krankheiten und Seuchen bei Menschen und Tieren – ist durch Tierversuche ermöglicht worden. Es ist zwecklos, davor die Augen zu verschließen ... Wenn jemand alle Tierversuche verbieten lassen will, darf er auch kein Aspirin nehmen, sobald er Kopfschmerzen hat ... Würden Sie, statt sich impfen zu lassen, lieber an Cholera oder Pest zugrunde gehen? Alle diese Krankheitsbekämpfungsmittel sind durch Tierversuche erarbeitet worden. Niemand wird Verständnis dafür haben, wenn man sich weigert, etwa ein überzähliges Pavianmännchen einschläfern zu lassen, sofern wirklich ein junges Menschenleben davon abhängt ...«

Es ist nicht glaubhaft, daß ein Kulturmensch, der einen Professoren- und zwei Doktortitel trägt und sich als Tierkenner ausgibt, derart unwissend ist. Er tischt genau denselben Brei von Unwahrheiten auf, wie Dr. König und Dr. Debrot, so daß es aussieht, als ob alle drei sich auf eine und dieselbe Vorlage stützten. Wieder kommt das Märchen des Aspirins. Wieder wird behauptet, dank Tieren bekämpfe man erfolgreich Pest und Cholera. Die Pest verschwand von alleine. Cholera ist überhaupt nicht verschwunden, sondern taucht immer wieder dort auf, wo es an hygienischen Maßnahmen hapert, und die angebliche Impfung gegen Cholera ist ebenso unsicher wie alle andern Impfungen, wie das Schweizer Gesundheitsamt sowohl im Sommer 1975 wie auch wieder im Sommer 1976 offiziell kundgeben mußte (s. *Nackte Herrscherin,* Kapitel »Riesen mit tönernen Füßen«).

Da solche Ignoranz zwar vom Durchschnittsmenschen, aber nicht von einer Persönlichkeit wie Prof. Grzimek zu erwarten ist, bleibt nur eine Erklärung: Grzimek gehört jener ausgedehnten Establishment-Gruppe an, die die Öffentlichkeit in bezug auf Vivisektion geflissentlich irreführt.

Besonders bedenklich mutet sein Gedanke an, es sei unverantwortlich, sich dem Einschläfern eines »überzähligen Pavianmännchen« zu widersetzen, »sofern wirklich ein junges Menschenleben davon abhängt«.

Niemand sollte besser als Grzimek wissen, daß es nicht nur um »ein überzähliges Pavianmännchen« geht, sondern daß ganze Arten von Menschenaffen in blinder Stumpfheit auf die grausamste Art ausgerottet werden, um die Profitgier der Gift-Industrie und die Experimentierfreude der Labor-Psychopathen zu befriedigen.

Selbstverständlich sind die beiden anderen Mitherausgeber des *Tier* für einen solchen Artikel mitverantwortlich, und es ist mir auch nicht bekannt, daß sie jemals öffentlich gegen die Vivisektion aufgetreten sind. Ohne jegliche Mißbilligung hat Konrad Lorenz sogar einmal ein besonders dummes Experiment seiner »Assistenten«, Wolfgang und Margret Schleidt, geschildert. Die beiden hatten einige Puten durch eine Innenohroperation taub gemacht, um zu »studieren«, wie ihr Verhalten den frisch ausgebrüteten Küken gegenüber dadurch beeinflußt würde. »Alle tauben Hennen hackten alle ihre Kinder sofort nach dem Schlüpfen kurzerhand tot«, berichtet Konrad Lorenz im *Das sogenannte Böse* sachlich.

Es ist wohl nicht verwunderlich, daß 1977 Konrad Lorenz sich bereit erklärte, Ehrenpräsident der Wiener »Liga gegen Tierquälerei und Mißbrauch der Tierversuche« zu werden, deren Vorsitzender Dr. Josef König ist.

Abschaffung oder Kontrolle?

Noch bis vor wenigen Jahren gelang es dem CHAV-Kombinat recht gut, der Öffentlichkeit die Wahrheit über Vivisektion vorzuenthalten. Am besten damit, daß man ihr Vorhandensein abstritt. »Vivisektion? Das ist ein Ding der Vergangenheit!« So drückte sich noch am 1. Februar 1977 der französische Professor Pierre Lépine, Leiter der Bakteriologischen Abteilung des Pasteur-Instituts, Mitglied der Akademie der Wissenschaften und der Akademie der Medizin, in einem Schreiben aus. Allmählich aber, im Einklang mit den sich immer rapider vermehrenden Tierversuchen auf der ganzen Welt, läßt sich die Wahrheit über das, was tagtäglich in den Laboratorien geschieht, nicht mehr vertuschen, wenn auch die meisten Medien sich noch immer davor hüten, die Machenschaften der im Dienste des CHAV-Kombinats stehenden Pseudoforscher bekanntzugeben. Auch läßt sich die Schädlichkeit der auf falschen Geleisen fahrenden, angeblichen Forschung nicht mehr vertuschen.

Vor allem hat die Schulmedizin, die sich eine solche Methode zu eigen gemacht hat, jede Glaubwürdigkeit verloren.

Derselbe obenerwähnte Prof. Lépine hat im Laufe eines Ehrlichkeitsanfalls in einem Interview der Tageszeitung *Alsace* (17. März 1967) gesagt: »Wir sind Zauberlehrlinge, besonders auf wissenschaftlichem Gebiet. Wir brüsten uns mit Entdeckungen, die uns vergiften. Ich glaube, die zukünftige Generation wird viel Zeit und Mut brauchen, um mit den katastrophalen Folgen unserer Forschung fertig zu werden.«

Aber warum warten? Wer einen Fehler einsieht und ihn nicht korrigiert, begeht einen zweiten. Schon unzählige andere Mediziner haben sich ähnlich ausgedrückt. So auch Prof. Lépines Landsmann, Prof. Maurice Delort, der sich bei der Einweihungssitzung der Akademie von Bourges am 16. Dezember 1962 folgendermaßen äußerte: »Die heutige Medizin ist am Ende ihres Weges angelangt. Sie läßt sich nicht mehr umformen, verändern, neu anpassen. Das ist schon allzu oft versucht worden. Die heutige Medizin muß sterben, um wiedergeboren zu werden. Wir müssen uns auf ihre vollständige Erneuerung gefaßt machen.«

Die längst fällige, vollständige Erneuerung der modernen Medizin ist ohne die gesetzliche Abschaffung *aller* Tierversuche nicht zu erwirken. Jegliche »Kontrolle« wird nur zur Fortsetzung des gegenwärtigen Betrugs beitragen, aus dem einfachen Grunde, weil man bereits auf mehr als hundertjährige, angeblich sehr strikte Kontrollen zurückblicken kann, die die verheerenden Resultate gebracht haben, die wir nunmehr kennen.

Diese »strikten« Kontrollen wurden zum erstenmal 1876 eingeführt, und zwar in England, durch ein scheinbar sehr ausführlich abgefaßtes und strenges Gesetz, das *Cruelty Against Animals Act* heißt und darauf abzielte, die Tierversuche in Großbritannien auf ein absolutes »Minimum« zu beschränken. Zudem sollten laut diesem Gesetz den Tieren alle Leiden erspart bleiben. Für jedes einzelne Experiment muß dem Gesetz gemäß noch heute die Befugnis von einer zuständigen Kommission erlangt werden. Diese Befugnis sollte nur erteilt werden, falls die Unerläßlichkeit des Experiments nachgewiesen ist. Die Tiere sollten durchwegs narkotisiert werden, und wenn sie nach dem Erwachen erwartungsgemäß Schmerzen hätten, sollten sie noch im Schlaf schmerzlos abgetan werden.

Ergebnis dieses noch heute gültigen Gesetzes, das 1876 in Kraft trat, als in Großbritannien schätzungsweise 300 bis 800 Experimente vorgenommen wurden: Die Zahl der gemeldeten Tierversuche ist seither in Großbritannien Jahr um Jahr gestiegen und hat gegenwärtig den Jahresdurchschnitt von rund 5,5 Millionen erreicht. Großbritannien wird nur deswegen an dieser Stelle erwähnt, weil es das einzige Land ist, wo die Zahl und Art der Tierversuche bekanntgegeben werden muß. Laut diesen offiziellen Angaben des Innenministeriums, wurden in den letzten Jahren 86% dieser Experimente ohne jegliche Anästhesie durchgeführt, und nur 3% der Tiere wurden angeblich vor dem Erwachen abgetan. *Angeblich:* Es sind nämlich, wie Lord Dowding im Oberhaus berichtet hat, Fälle ans Licht gekommen, wo die Experimentatoren, anstatt Betäubungsmittel, sogar bei schweren Eingriffen wie dem Herausschneiden der Augen bei Katzen, lediglich ein Beruhigungsmittel wie Dial verabreicht haben ...

Es gibt zur Zeit in Großbritannien nur 14 Inspektoren, denen es sowohl an Zeit als offenbar auch an Lust fehlt, im Sinne des Gesetzes zu handeln und unangemeldet in den Laboratorien zu erscheinen. Sie sitzen fleißig an ihrem Pult, prüfen die Eingaben der rund 18000 befugten Experimentatoren (ihre Zahl steigt jährlich) und erteilen die gewünschten Bewilligungen für die Millionen Experimente, die ihnen als »unerläßlich« für das Wohl des Volkes aufgeschwatzt werden. Am Abend sind einige von ihnen zu Gast bei den Vivisektoren.

Folgender Brief vom 22. Oktober 1960 stellt ein gutes Beispiel dar. Er stammt von Stephen Vine, *Chief Home Office Inspector,* was so viel wie Präsident des Inspektionsausschusses ist, war auf offiziellem Briefpapier geschrieben und an einen der aktivsten englischen Vivisektoren adressiert: Prof. Dr. med. A. D. Macdonald, Research Defence Society, 11 Chandos Street, Cavendish Square, London W 1 (die bereits erwähnte RDS ist die britische Vivisektions-Lobby). Wortlaut:

»Lieber Herr Professor Macdonald,

ich habe das ausgezeichnete Abendmahl gestern im Zoo sehr genossen, und möchte mich durch Sie bei der Research Defence Society *bedanken. Ich würde es sehr begrüßen, wenn wir beide einmal in aller Ruhe zusammenkommen könnten, um ein paar Probleme zu besprechen. Deswegen wäre es mir ein Vergnügen, wenn Sie demnächst einmal mit mir zu Mittag äßen.*

Mit freundlichen Grüßen

Ihr ergebener
Stephen Vine.

»P.S.: Beiliegend die einschlägige Stelle aus meinem Brief an Herrn Prof. Young in Cambridge in bezug auf die Nachrichten über die chirurgisch vorbereiteten Tiere. Ich hoffe, Ihnen damit gedient zu haben!«

Nicht weniger bedenklich als in Großbritannien sind die Zustände in all den Ländern, wo es sogenannte »Kontrollen« gibt, das heißt, wo die Vivisektion mit all ihren verheerenden Folgen für die Volksgesundheit und den geistigen Zustand der Forscher unter Vorspiegelung falscher Tatsachen legalisiert wurde, also mit Hilfe eines Staates, der ganz klar im Dienste der Industrie steht, und sich dafür vielfach des Geldes des Steuerzahlers bedient.

Tierexperimentatoren und ihre Befürworter haben jegliche Glaubwürdigkeit verloren. Das geht schon daraus hervor, daß noch nie ein Vivisektor oder Befürworter irgendein Experiment eines Kollegen öffentlich mißbilligt hat.

In Deutschland werden jährlich mindestens 14 Millionen Tiere dem Experimentierwahn und dem Profit der Industrie geopfert. In der Schweiz sind einer einzigen Basler Firma, der Ciba-Geigy, 1978 mindestens eine Million Tiere zum Opfer gefallen. In den USA wird die Zahl der Tieropfer in 1977 auf rund 90 Millionen geschätzt – Dr. Clarence Dennis, der »Papst« der amerikanischen Vivisektion, hat in seiner Debatte mit mir am 3. Mai 1978 im New Yorker Radio-Programm zugegeben, daß diese Ziffer »wahrscheinlich stimmt«. Aber die Zahl steigt jährlich immer noch, genau wie in allen anderen profitorientierten Ländern. Japan rühmt sich, im Tierverbrauch knapp hinter den USA an zweiter Stelle zu stehen. (Desgleichen in der Zahl der neuen Krankheiten.)

Nur ein Witz?

Herr Müller kauft in der Apotheke Medikamente und wirft sie sofort in den Mülleimer. »Warum tun Sie das?« wird er gefragt. »Der Arzt will leben, der Apotheker will leben, die Pharma-Industrie will leben, aber ich auch!«

4. Teil: Die Rebellion

Der Anfang vom Ende

In den letzten Jahren sind die Stimmen, auch aus dem Lager der Mediziner, die das herrschende Gesundheitswesen als schädlich und als Hauptursache der zunehmenden Krankheiten anprangern, immer zahlreicher und lauter geworden. Ivan Illich in Mexico, der Soziologe, dessen Anklagebuch *Medical Nemesis* auf der ganzen Welt Aufsehen erregt hat; Dr. Henri Pradal, ein französischer Pharmakologe, ist in seinem Land zu einem Bestseller-Autor geworden mit einer Aufzählung und Beschreibung der bestehenden Pharmaka und ihrer Nebenwirkungen; Maccacaro hat in Italien im Verlag Feltrinelli eine aufklärende Bücherreihe herausgegeben; Dr. Herbert Hensel und das Ärztepaar Herbert und Margot Stiller haben sich in Deutschland ähnlich ausgesprochen, abgesehen von Kurt Blüchel und vom Rechtsprofessor Fincke, in dieser Schrift bereits erwähnt. Sowohl in den Tageszeitungen und Illustrierten wie auch gelegentlich in den Ärzteblättern erscheinen immer wieder Artikel, die auf die unmögliche Situation hinweisen. Aber bis jetzt vergeblich. Das CHAV-Kombinat, das sich in seinem Reichtum und seiner Macht sicher fühlt, nicht zuletzt dank der Unterstützung durch die Medien, nimmt kaum Notiz von diesen sporadischen Protesten.

Aber überraschenderweise stellt es sich heraus, daß das Publikum empfänglicher ist für das, was es über die Laboratorien erfährt, als für die medizinischen Argumente, die eine Abschaffung der heutigen Forschungsmethode fordern. Wieder einmal zeigt sich das Volk den Emotionen zugänglicher als der kühl überlegender Logik. So könnten die Labortiere durch ihre Leiden schließlich tatsächlich zu den Rettern der Menschheit werden, wenn auch nicht auf dem Wege, dem die Vivisektionisten stur folgen.

Denn trotz der vom Staat unterstützten Geheimhaltung der Vorgänge in den Laboratorien, trotz der Propaganda seitens der von der Pharma-Industrie abhängigen Medien, die hartnäckig die mehr als zweifelhaften Wunder der modernen Medizin anpreisen, trotz den Irreführungen der zahlreichen Dr. König, Dr. Debrot, Dr. Grzimek und anderer doctores ihrer Gattung, fängt die Wahrheit an, ans Licht zu dringen. Die Scheußlichkeiten sind so zahlreich und abstoßend, daß sie wie eine eiternde Beule nicht mehr unterdrückt werden können.

Alle Anzeichen deuten darauf hin, daß, wenn das Volk einmal voll aufgeklärt ist – und es ist unsere Aufgabe, es aufzuklären – es derartige Schandtaten nicht mehr dulden wird, und es sich nicht mehr von hoher Stelle vormachen lassen wird, daß sie irgendeinen Nutzen haben können.

Die Geschichte deutet ganz klar auf einen Endsieg der Antivivisektionisten, und es ist sinnlos, wenn die Gegner sagen, die Diskussion über Tierversuche dauere schon seit zwei Jahrtausenden und werde deswegen immer weitergehen. Mit solchen Argumenten bezeugen sie nur ihre Rückständigkeit. Auch die Menschensklaverei hatte es jahrtausendelang gegeben, bevor sie abgeschafft wurde – wenn es auch leider einen blutigen Krieg erforderte. Die Frau war jahrtausendelang unterdrückt, und die Frauenrechtlerinnen wurden verlacht, siegten aber schließlich doch. Und so wurde – wenn es auch nicht ohne Totschlag und große Unruhen ging – die Rassendiskriminierung bereits in den meisten Ländern abgeschafft. Nicht anders wird es sich mit der Vivisektion verhalten. Galen konnte seine Tiere noch auf dem öffentlichen Marktplatz aufschneiden.

Tödliche Medikamente

»Nicht einem medizinischen Horrorfilm und auch nicht einer makabren Kabarett-Einlage ist der untenstehende Text entnommen; er steht auf dem offiziellen Packungsprospekt des Medikaments *Indocid*. Der Patient, der sich durch die Miniaturbuchstaben nicht von der heilsamen Lektüre abhalten läßt, erfährt hier, welche Nebenwirkungen die Einnahme dieses Präparates haben kann, angefangen vom harmlosen Schwindel bis hin zum dramatischen Sterben. Wörtlich heißt es dort:

›*Kopfschmerzen, Schwindel und Benommenheit, Verwirrtheit, Schläfrigkeit, Konvulsionen, Koma, Depression und andere psychische Störungen wie Persönlichkeitsentfremdung, Übelkeit, Erbrechen, Diarrhöe. Gelegentlich kommt es zur Ulkusbildung mit einzelnen oder mehrfachen Ulzera (Geschwüren) im Bereich der Speiseröhre, des Magens und des Dünndarms, wobei auch Perforationen und Blutungen auftreten können. Einige wenige Todesfälle sind bekannt. Leberreaktionen sind Gelbsucht und Hepatitis. Vereinzelte Todesfälle werden berichtet.*‹

Wohlverstanden, es handelt sich hier lediglich um einen Auszug, weist doch der Prospekt auf eine ganze Reihe weiterer Schädigungen hin, auf Haarausfall, akute Atemnot, auf Blutdruckabfall, Gehstörungen, Ohrenklingen und Taubheit . . .

Aufgefordert, sich zur Frage zu äußern, warum ein ›Heilmittel‹ mit derart umfassenden Nebenwirkungen auf dem Schweizer Markt verkauft werden darf und kassenzulässig ist, verabreichte der Direktor der Interkantonalen Kontrollstelle für Heilmittel (IKS), Dr. P. Fischer, dem Beobachter eine Beruhigungspille: Begütigend wies er darauf hin, daß ›*jedes ausgesprochen wirksame Arzneimittel auch mehr oder weniger ausgeprägte Nebenwirkungen haben kann*‹. Wiederum nicht einem Kabaret, sondern dem Originalbrief aus Bern ist die zusätzliche Bemerkung entnommen, Indocid weise ›*im Vergleich mit anderen hochwirksamen Medikamenten nicht übermäßig häufig schwere Nebenwirkungen auf*‹. Der Tod als Folge der Behandlung mit dem Präparat sei ›*nur in seltenen Fällen vorgekommen, in der Größenordnung einmal unter mehr als 500 000 Fällen*‹.

Die Beruhigungspille soll der Beobachter auch dem Publikum weiterreichen, erklärt doch der IKS-Direktor, er würde es ›*sehr bedauern, wenn Sie als verantwortungsvoller Journalist das Kapitel ‚Nebenwirkungen' im Beobachter veröffentlichen würden*‹. Der IKS-Chef erweckt hier den Anschein, als handle es sich um eine Art Staatsgeheimnis, das niemandem preisgegeben werden darf. Dabei sind die Angaben dem Prospekt entnommen und damit jedem Patienten zugänglich!

■

Noch selten hat der Beobachter erkannt, zu welchem Zynismus die Deformation professionelle der Schulmedizin führen kann. Wenn er diesem Kapitel heute einige Zeilen gewidmet hat, so im Hinblick auf eine erstaunliche Tatsache: Extrem gefährliche Heilmittel dürfen in der Schweiz mit dem Segen der Klinikleiter und der hochgeachteten Lehrstuhlinhaber unserer Universitäten sowie mit demjenigen der gesamten Schulmedizin und der Heilmittelbürokratie an den Mann und an die Frau gebracht werden. Arm in Arm mit der Pharma-Industrie bekämpfen aber die gleichen Kreise mit unüberbietbarer Hartnäckigkeit Erprobung und Anwendung nachweisbar harmloser *und* wirksamer Naturheilmittel.«

Der Schweizer Beobachter, 1981

Die heutigen Vivisektoren müssen sich in ihren Laboratorien verriegeln, müssen Politiker bestechen und für teures Geld PR-Leute und Journalisten dingen, müssen alles daran setzen, daß ihre Taten nicht an die Öffentlichkeit gelangen. Aber damit wird es voraussichtlich bald zu Ende sein, denn die Zahl der Menschen, die einfach nicht mehr zusehen wollen, wie unschuldige Geschöpfe um des Profites oder der persönlichen Genugtuung willen unter dem Deckmantel der Nächstenliebe oder einer längst diskreditierten »Wissenschaft« gemartert werden, nimmt ständig zu.

Wir leben in einem Zeitalter der Gewalttätigkeit – die Experimentatoren und ihre Befürworter liefern das beste Beispiel dafür. Tierversuchsgegner sind naturgemäß gegen jede Gewalttätigkeit, doch das heißt nicht, daß sie ewig tatenlos zusehen werden, wie andere der Gewalttätigkeit frönen. Selbst der friedlichste Mensch fühlt sich beim Anblick eines wehrlosen Kindes, das mißhandelt wird, genötigt, einzuschreiten, und sei es mit Gewalt, sogar unter eigener Gefahr. Wenn er es nicht tut, schämt er sich. Denn in diesem Fall ist Gewalttätigkeit angebracht. Dasselbe Empfinden hat der verantwortungsbewußte Mensch jeder mißhandelten Kreatur gegenüber.

Gewöhnlich braucht es zwei ganze Generationen, bis eine Irrlehre, nachdem sie sich als solche erwiesen hat, abgeschafft wird, denn man muß nicht nur abwarten, bis alle Lehrer gestorben sind, sondern auch ihre Schüler. Der Tierversuch erwies sich erstmals mit der Contergan-Tragödie als irreführend. Seither kann man die neuen Beweise gar nicht mehr zählen, so häufig sind sie, doch die Befürworter der Irrlehre halten traditionsgemäß an ihrem Irrtum stur fest. Es stellt sich einmal mehr heraus, daß keine Dummheit so schwer zu besiegen ist wie die der Gelehrten. Aber es gibt Antivivisektionisten, die keine Absicht haben, so lange zu warten.

Daß der Staat hinter den Schandtaten und dem Betrug der Vivisektion steckt und sie mit dem Deckmantel der Legalität schirmt und schürt, macht diese Schandtaten und diesen Betrug nicht besser, sondern schlimmer. Denn die Behauptung des Staates, alle seine Gesetze stützten sich auf Humanität und Gerechtigkeit, wird damit hinfällig. Wenn sich der sogenannte Rechtsstaat systematisch unethischer Handlungsweise schuldig macht, hat der Bürger das Recht, sich aufzulehnen, denn der Staat ist vertragsbrüchig geworden: er hat den sozialen Vertrag gebrochen.

Die gestrige Illegalität ist die morgige Legalität. Wenn längst notwendige Änderungen allzulange auf sich warten lassen, entsteht in fortgeschrittenen Elementen der Bevölkerung Enttäuschung, Verzweiflung, Wut – Gefühle, die sie nach einer gewissen Zeit dazu führen, sich gewaltsam gegen die den Fortschritt aufhaltenden Schranken zu werfen. Tatsächlich hat es kaum jemals eine bedeutende soziale oder politische Änderung gegeben, die ganz friedlich verlaufen ist. Sogar die Frauenrechtlerinnen mußten zur Gewalt greifen, bevor sie Ende des letzten Jahrhunderts ernst genommen wurden.

So erklärt es sich wohl, daß sich in den letzten Jahren in verschiedenen Ländern Gruppen gebildet haben, die nicht mehr abwarten wollen, bis die Volksmehrheit aufwacht und die notwendigen Änderungen in der medizinischen Forschung durch Stimmenmehrzahl von der Regierung erzwingen wird, sondern anfangen, das Recht in die eigene Hand zu nehmen. Es sind heute noch ganz kleine Gruppen, ohne jegliche finanzielle oder politische Macht, die vom Gesetz, wenn immer möglich, schwer bestraft, von der Giftindustrie als schwarzeste Verbrecher verschrien und sogar von vielen Tierschutzverbänden desavouiert werden. Das Bemerkenswerteste daran ist, daß sie sich spontan, unabhängig voneinander fast gleichzeitig in verschiedenen Ländern, also offenbar aus einer bestehenden tiefen Notwendigkeit heraus, gebildet haben.

Großbritannien

Am 24. März 1975 war in der *Oxford Mail* wie auch in verschiedenen anderen englischen Zeitungen zu lesen:

»Zwei Mitglieder der als *Band of Mercy* bekannten Gruppe, die sich gegen unnötige Tierversuche verwahrt, wurden heute vom Gericht in Oxford zu drei Jahren Gefängnis verurteilt. Clifford Alan Goodman, 31, Werkzeugmacher, aus Northampton, und Ronald Anthony Dennis Lee, 23, arbeitslos, aus Luton, gaben im ganzen vierzehn Straftaten zu. Sie hatten Gebäude beschädigt oder zerstört, in denen Tierversuche vorgenommen werden ... Beide gaben zu, im November 1973 ein pharmazeutisches Laboratorium in Walton, Buckinghamshire, in Brand gesetzt zu haben ... Richter Kenneth Mynett sagte bei der Verkündigung des Urteils: ›Aller Schaden, den ihr angerichtet habt, war geplant und vorsätzlich, in Hinblick auf ein Ziel, an das ihr beide wahrscheinlich aufrichtig glaubt. Nur hierzulande gibt es Leute, die zu jeder Gewalttätigkeit bereit sind, um ihr eigenes Ziel zu erreichen, und wenn man dies zuließe, wäre es aus mit Gesetz und Ordnung‹.«

Der Richter irrte sich, falls er glaubte, daß durch das Einsperren der beiden weiteren Gewalttätigkeiten gegen das Vivisektions-Establishment vorgebeugt war, denn solche Gewalttätigkeiten fingen nach seinem Urteil erst an, sich in ganz Großbritannien zu verbreiten, und sind heute so häufig, daß sie die Presse gar nicht mehr erwähnenswert betrachtet; und er irrte sich ein zweitesmal mit seiner Ansicht, daß es solche Gruppen nur in England gibt.

Frankreich

An einem Sonntag im November 1975 geschah es in Frankreich zum erstenmal, daß ein Kommando von jungen Tierschützern in Begleitung eines Veterinärs Versuchstiere von ihren wissenschaftlichen Peinigern befreiten. Sie drangen mit dem Beistand eines Angestellten in das Institut für Neurophysiologie Marey, Avenue Gordon Bennett 4, in Paris ein, das in »Schmerzforschung« spezialisiert ist, wie üblich an Katzen. Zwei dieser Tiere, die so ramponiert waren, daß sie für weitere Versuche nicht mehr taugten, waren dort in ihren Käfigen einfach dem Hungertod überlassen worden. Der Tierarzt schätzte ihr Martyrium auf 30 bis 40 Tage. Diese beiden konnten nur noch eingeschläfert werden. Alle übrigen waren sichtlich nervenkrank oder irrsinnig geworden. Die eine versteckte sich unter allen Möbelstücken und urinierte dauernd. Alle trugen Elektroden im Gehirn.

Das Institut hütete sich davor, wegen Hausfriedensbruchs und Diebstahls Anzeige zu erstatten – die Öffentlichkeit soll ja von solchen »wissenschaftlichen« Versuchen nie etwas hören. Die Tierschützer waren anderer Ansicht und organisierten eine Kundgebung vor dem Laboratorium, an der trotz schlechtem Wetter genügend Leute teilnahmen, um den Straßenverkehr zum Stocken zu bringen. Eine Delegation der Demonstranten wurde schließlich von der Direktion empfangen, die beteuerte, den »Wissenschaftlern« liege einzig das Wohl der Menschheit am Herzen, die Versuchstiere würden von ihnen sehr geliebt und verwöhnt, und alle Schmerzexperimente seien für die Tiere völlig schmerzlos.

Das verlangte eine Antwort, die mit einem Einbruch in ein Laboratorium des CNRS (Nationales Zentrum für wissenschaftliche Forschung) im Pariser Vorort Gif-sur-Yvette gegeben wurde. Hier befreiten die Tierschützer mehrere Katzen, denen ein Teil der Schädeldecke fehlte, dafür aber im Gehirn eine Kanüle trugen, von der aus zahlreiche Drähte nach verschiedenen Punkten der Gehirnrinde verliefen. Durch Elektroschocks wurden bei den Katzen künstliche, angeblich »epileptische« Anfälle hervorgerufen, die wohlverstanden mit den epileptischen Anfällen des Menschen, die ja nicht durch Elektroschocks hervorgerufen werden, nichts gemeinsam haben konnten.

Die Katzen wurden zur Redaktion der kleinen, deswegen unabhängigen Zeitschrift *Charlie Hebdo* gebracht, die zur Besichtigung der Opfertiere Pressevertreter einlud. Alle reagierten auf gleiche Weise: Zunächst Ungläubigkeit, dann tiefe Empörung. Die meisten Zeitungen wollten darüber aber nichts berichten, und ein Mitarbeiter des Laboratoriums, Dr. André Berkaloff, ließ sich unter anderm Blödsinn folgende offizielle Erklärung einfallen: »Durch den Diebstahl ist die Gesundheit der Katzen gefährdet. Hoffentlich werden sie uns bald zurückgebracht.«

Auch in diesem Falle erstattete das Institut keine Strafanzeige, sondern verließ sich lieber auf die Vergeßlichkeit des Publikums.

Italien

Als *Nackte Herrscherin* 1976 erstmals in Italien erschien, entpuppten sich in kurzer Zeit als Hauptfeinde des Buches die Vorstandsmitglieder der *Unione Antivivisezionista Italiana* (UAI), des bis dahin einzigen Antivivisektionsverbandes Italiens. Dieser war 1929 von Gennaro Ciaburri gegründet worden, einem Chirurgen und Biologen aus Bologna, der auch in Zürich studiert hatte, unter dem berühmten deutschen Chirurgen Sauerbruch.

Als Ciaburri 1970 als Neunzigjähriger starb, geriet die Leitung der UAI durch verschiedene Machenschaften einiger Vorstandsmitglieder in die Hände von Advokaten, die von Ciaburris Witwe sofort desavouiert wurden, und mit Italiens Großindustrie und -finanz verbündet waren.

Als die Präsidenten der Zweigstellen der UAI – in Florenz, Rom, Neapel, Bari – *Nackte Herrscherin* zu propagieren begannen, weil sie darin eine wirksame Waffe für einen erfolgreichen Feldzug gegen die Tierversuche sahen, wurden die Zweigstellen von der Verbandssekretärin, Carla Ceccon, einer Anwältin, die sich offiziell immer gegen die Angriffe auf die Vivisektoren verwahrte, kurzerhand aufgelöst. Im Sommer 1976 desavouierte der Präsident der UAI, Dr. Leo Cirla, ebenfalls Anwalt, sogar die Initiative einer der wichtigsten Frauen-Zeitschriften Italiens, *Annabella,* die für eine Abschaffung der Vivisektion eintrat.

Resultat: Die Mitglieder sagten sich massenweise von der UAI los und gründeten in zahlreichen italienischen Städten neue Antivivisektionsligen, denen es gelang, in kurzer Zeit Leben in die Antivivisektionsbewegung zu bringen. Sie sammelten die erforderliche Anzahl von notariell beglaubigten Unterschriften, um dem italienischen Parlament ein Begehren für eine Volksinitiative vorzulegen, das die Abschaffung der Tierversuche verlangte. Dazu waren 50000 Unterschriften notwendig; 270000 wurden zusammengebracht, trotz der immer lauter werdenden Gegenpropaganda des Vivisektions-Syndikats. Augenblicklich wird das Volksbegehren dem Parlament präsentiert und wird früher oder später zur Debatte kommen, und wenn Rom auch nicht an einem Tag erbaut wurde und man nicht erwarten kann, daß sich ein tief im pekuniären Gewinn verankertes Übel wie die Vivisektion von einem Tag zum andern durch einen Federstrich abschaffen läßt, so ist allein die Tatsache, daß in einem europäischen Parlament die Abschaffung überhaupt zur Sprache kommt, eine Neuheit, die noch vor ein paar Jahren niemand erwartet hätte.

Es hatten sich in der Zwischenzeit in Italien jedoch noch andere Neuheiten ergeben. Im März 1977 ordnete der Bürgermeister von Voghera an, daß keine eingefangenen Hunde mehr für Experimente an die wissenschaftlichen Laboratorien abgegeben werden durften, sondern ausnahmslos eingeschläfert werden müßten; als Begründung wurden Stellen aus *Nackte Herrscherin* zitiert und einige der darin erwähnten Medikamente aufgezählt wie Paracetamol, Isoproterenol, Thalidomid, Metaqualon, Orabilex, Mel/29, Chloramphenicol, Stilböstrol, die sich als verheerend für den Menschen erwiesen hatten, nachdem sie an Tieren erprobt worden waren. Dem Beispiel von Voghera folgte Ende Juni Carlo Tognoli, der Bürgermeister von Mailand, und nach und nach noch verschiedene andere Städte.

Obwohl es zweifelhaft ist, daß die Vivisektion dadurch bedeutend vermindert wurde, da sich die Laboratorien die Tiere durch Zuchtanstalten und auch schwarz, allerdings zu höheren Preisen, verschaffen können, haben diese Verordnungen doch eine historische Bedeutung: Zum erstenmal haben hochgestellte Persönlichkeiten, deren Amt von den Stimmen der Bürger abhängt, es gewagt, entgegen einer alten Tradition zu handeln und die Gültigkeit der Schulmedizin in Frage zu stellen, in dem Bewußtsein, daß sie die Meinung der Mehrheit vertreten.

In der Zwischenzeit sahen sich auch einige italienische Tierschützer veranlaßt, zur Gewalt zu greifen. Allerdings waren es in diesem Falle die Vivisektionisten, die den ersten Gewaltstreich führten. Im Oktober 1976 berichtete *La Nazione,* die Tageszeitung von Florenz, von einem Anschlag gegen die LAN, die erste der neugegründeten Antivivisektionsligen, der es gelungen war, eine größere Anzahl von Ärzten und Medizinstudenten als Mitglieder zu gewinnen. Von Anfang an zeichnete sich diese Liga durch besonders erfolgreiche Aktivitäten aus, indem sie zahlreiche Strafanklagen gegen verschiedene Vivisektoren des florentinischen Medizininstituts Careggi, eines der größten Italiens, erhob und deren Namen und Taten mit Plakaten und Demonstrationen öffentlich anprangerte. Wie *La Nazione* berichtete, hatte man die Geschäftsstelle der LAN eines Nachts nach Drohanrufen und anonymen Briefen in Brand gesteckt und die Liste der Vereinsmitglieder entwendet.

Die Antwort der Antivivisektionisten ließ nicht lange auf sich warten. Am 5. Dezember berichtete dieselbe Zeitung von einem Anschlag gegen das Institut Careggi; mehrere Gewehrschüsse waren von außen durch ein Fenster des physiologischen Laboratoriums abgegeben worden, während dort zu nächtlicher Stunde ein ungesetzliches Experiment an einem Hund vorgenommen wurde. Eine Kugel verfehlte um ein Haar einen Experimentator, der daraufhin kundgab, daß er auf Tierversuche ohnehin nicht besonders erpicht sei und fortan darauf verzichten werde. *La Nazione* druckte einen Brief ab, der ihr von einer »Front zur Verteidigung der Tiere und der Natur« zugeschickt worden war, die für den Angriff die Verantwortung übernahm und weitere Maßnahmen verhieß.

Seither haben die neuen italienischen Ligen den Vivisektionisten keine Ruhe gelassen und in verschiedenen Städten immer wieder Strafanklagen gegen Experimentatoren erhoben, über deren illegale Handlungen sie durch ihre Fünfte Kolonne innerhalb der medizinischen Institute aufs genaueste unterrichtet waren.

Am 19. Juli 1978 hat ein Gericht in der Universitätsstadt Padua sechs bekannte Ärzte von der medizinischen Fakultät der Mißhandlung von Tieren im Zusammenhang mit Vivisektion für schuldig befunden und sie erstmals zu hohen Geldstrafen (6,5 Millionen Lire) verurteilt.

USA

Ein von Henry Spira gezeichneter Artikel im New Yorker Wochenblatt *Our Town* brachte es im Juli 1976 an den Tag: Im ehrwürdigen Naturgeschichtlichen Museum von New York, in einem Labor, das eine schallsichere Wand von den täglichen Museumsbesuchern trennte, waren seit neunzehn Jahren vom ahnungslosen Steuerzahler finanzierte Vivisektionen allerschlimmster Art gang und gäbe. Da folterten zwei dem Museum angehörende »Forscher« – Lester B. Aronson und Madeline L. Cooper –

auf besonders raffinierte Art systematisch Hunderte von Katzen zu Tode. Es wurden jeweils drei Monate alte Kätzchen und erwachsene Kater benutzt. In einem stereotaxischen Apparat immobilisiert, wurden ihnen die Augen aus den Höhlen gerissen, Geruchssinn und Gehör wurden operativ zerstört, das Rückenmark wurde durchtrennt, die Hoden wurden abgeschnitten (Kastration), der Penisnerv wurde bloßgelegt und elektrischen Schocks ausgesetzt – und das, um herauszufinden, wie das Geschlechtsleben der Katzen dadurch beeinflußt würde.

Identische Experimente wurden, ebenfalls auf Kosten des unbefragten Steuerzahlers, gleichzeitig in etwa dreißig amerikanischen Laboratorien seit Jahren durchgeführt, und werden auch heute noch durchgeführt; aber die Experimente im New Yorker Museum bildeten insofern eine Ausnahme, als sie an die Öffentlichkeit gelangten, und zwar in allen Einzelheiten. Henry Spira, ein belgischer Englischlehrer in New York, von einer Liga instruiert, hatte von der Regierung die Unterlagen über diese Experimente gefordert und erhalten, indem er sich auf ein wenig bekanntes Gesetz stützte, *Freedom of Information Act* benannt, der für Fälle gilt, wo Steuergelder verwendet werden.

Auf den Formularen, die die Experimentatoren jedes Jahr hatten einreichen müssen, um die gewünschten Gelder für ihre »Forschungen« von der zuständigen Amtsstelle, den *National Institutes of Health,* zu erhalten, stand beschrieben, was sie vorhatten, und dafür waren ihnen auch anstandslos die Zuschüsse zugestanden worden, die sich bis 1977 auf fast eine halbe Million Dollar beliefen. Das waren die Unterlagen, die sich Henry Spira verschafft hatte.

Aus ihnen ging unter anderem hervor, daß besondere Käfige für die Katzen gebaut werden mußten, denn es war – wie es auf den Formularen hieß – zu erwarten, daß die Katzen während der Experimente »wild würden«. Es waren auch sogenannte »terminale«, das heißt tödliche Experimente vorgesehen, bei denen man nicht abwarten wollte, wie die Verstümmelungen das Geschlechtsleben der Katzen beeinflussen würden, sondern bei denen der bloßgelegte Penisnerv so lange Elektroschocks unterworfen wurde, bis der Kater verendete.

Henry Spira hatte darüber einen Artikel geschrieben und ihn zuerst der vivisektionsfreundlichen *New York Times* gebracht, die ihn erwartungsgemäß ablehnte. Der Artikel erschien dann in der kleineren *Our Town,* wonach eine New Yorker Radiostation, WOR, ihn sendete. Ein Journalist, Roger Simon von der Chicago *Sun-Times,* dessen regelmäßige Spalte von zahlreichen anderen Zeitungen abgedruckt wird, schrieb darüber. (Er kam aber nie mehr darauf zurück.) Ligen machten ganzseitige Inserate und organisierten jedes Wochenende Demonstrationen vor dem Museum, an denen bis zu tausend plakatschwingende Leute teilnahmen. Schließlich hatte der Fall so großes Aufsehen erregt, daß sogar die *New York Times* und die wissenschaftliche Zeitschrift *Science* ihn nicht mehr totschweigen konnten.

»Wir haben über 8000 Protestschreiben und zahlreiche Drohanrufe erhalten«, klagte der Kurator des Museums, Dr. Thomas D. Nicholson, im Jahresbericht 1976. Den Journalisten, die ihn fragten, warum das Museum diese Experimente nicht aufgebe, da sie doch nicht dazu angetan seien, ein dringliches medizinisches Problem zu lösen, und die öffentliche Meinung sie offenbar mißbillige, antwortete er: »Wenn etwas dieses Museum auszeichnet, dann ist es die Freiheit, zu studieren, was ihm beliebt, ungeachtet eines sichtbaren Nutzens. Die Experimente werden fortgesetzt.«

Auch die Demonstrationen wurden fortgesetzt – fast ein Jahr lang. Inzwischen verschickte eine Aktivistengruppe Rundschreiben an die Nachbarschaft der beiden Forscher, mit Angaben der Namen, Adressen, Telefonnummern und mit ihren Fotos, sowie der Beschreibung ihrer Experimente, »damit Sie wissen, wer Ihre Nachbarn sind, und was sie treiben«, die den beiden eine Flut von Briefen und Anrufen eintrugen; aber die Experimente wurden hartnäckig weitergeführt.

Dann aber geschah etwas, das den Kurator jählings umstimmte. Als die Zahl der Museumsabonnenten, die ihre Mitgliedschaft als Protest aufgegeben hatten, auf 350 angestiegen war, verkündete eine reiche Gönnerin des Museums, sie habe ein großes Legat, das dem Museum zugedacht war, rückgängig gemacht, und sie forderte alle anderen Gönner auf, es ihr gleichzutun. Kurz darauf meldete der Kurator, die beiden Forscher hätten ohnehin die Absicht gehabt, ihre Tätigkeit aus Altersgründen aufzugeben, und das Katzenlaboratorium würde geschlossen werden; fortan würde das Museum nur noch mit Fischen, Tauben und »niedereren« Tierarten experimentieren, nicht mehr mit Haustieren.

Als Henry Spira mit einer Schar Journalisten das Laboratorium zu besichtigen verlangte, um sich zu vergewissern, daß es tatsächlich anderen Zwecken diente, befragte er den Kurator über die immer noch bestehende schalldichte Wand, deren Vorhandensein Dr. Nicholson stets abgestritten hatte. Die Antwort: Sie habe nicht dazu gedient, die Schreie der gemarterten Tiere zu bedecken, sondern vielmehr dazu, die Forscher in ihrer Arbeit vor dem lästigen Lärm der Museumsbesucher zu schützen.

»Naturwissenschaftliche Forscher sind als zivilisierte Menschen getarnt, haben aber Herz und Hände von Barbaren. Ihr Leben dreht sich um durchbohrte Frösche, verbrühte Kaninchen, enthirnte Katzen und verstümmelte Hunde. Ganz gleich, welche Mittel sie anwenden und wie grausig das Experiment ist, sie werden immer behaupten, das Endresultat rechtfertige es.« (Aus einer Aussage von Julie Mayo, diplomierte Krankenschwester aus Brigantine, New Jersey, im *Philadelphia Sunday Bulletin* am 26. August 1973 erschienen.)

Am 3. Mai 1978 saß ich während einer Diskussion Dr. Clarence Dennis gegenüber, dem Präsidenten der Amerikanischen Gesellschaft für Medizinische Forschung (NSMR). Diese Stellung stempelt einen Menschen zum »Papst« des internationalen Vivisektionswesens, und er wird denn auch von seinen Kollegen auf der ganzen Welt als ihr Sprecher angesehen. Die Diskussion wurde von der New Yorker Radiostation WOR im Rahmen des Sherrye-Henry-Programms gesendet.

Bei dieser Gelegenheit gab ich dem »Papst« die Möglichkeit, die Katzenexperimente des New Yorker Naturhistorischen Museums zu rechtfertigen, was er mit sichtlicher Verlegenheit tat, mit Worten, die jeden Kommentar überflüssig machen. Hier die wortgetreue Wiedergabe seiner registrierten Aussage:

»Sie wissen wohl, daß Vergewaltigungen ein ernstes Problem darstellen, und Sie wissen, daß es im Geschlechtsleben Anormalitäten gibt, die bei Vergewaltigungen eine Rolle spielen. Ich glaube, die Forscher wollten den Zusammenhang herausfinden, indem sie mit Katzen arbeiteten, die in mancher Hinsicht ein ähnliches Gehirn wie wir haben – ich weiß, es ist lang nicht so komplex, aber für diesen Zweck ist es in mancher Hinsicht ähnlich – und diesem Ziel, glaube ich, galten ihre Forschungen. Das war es, woran sie jahrelang gearbeitet haben.«

Durch die vielen gegen die Vornahme von Tierversuchen gerichteten Zeitungsartikel aufmerksam gemacht, hat der deutsche Minister für Ernährung, Landwirtschaft und Forsten an verschiedene »Sachverständige« aus Wissenschaft und Forschung das Ersuchen gerichtet, zur Frage »Möglichkeiten einer Einschränkung der Tierversuche und ihrer Ersetzbarkeit« Stellung zu nehmen. Ein löbliches Unterfangen! Wer waren nun aber die herangezogenen »Sachverständigen«? Samt und sonders Leute, die Tierversuche betreiben! Das nennt man einen *circulus vitiosus,* Herr Minister.

5. TEIL SCHLUSSWORT

Laut *Deutschem Ärzteblatt* (45/73) erklärte der Bundestagsabgeordnete U. Fiebig: »Auf meine Frage, wie leistungsfähig und sicher Tierversuche tatsächlich seien, habe ich nur ausweichende Antworten bekommen. Beängstigend ist die Aussage des Pharmakologen Holtz: *Eine vergleichende Untersuchung von Aspirin und Contergan an Ratten hätte das Contergan zur Anwendung für den Menschen freigegeben, nicht aber das seit über einem halben Jahrhundert verwendete Aspirin.*«

Daß die Ergebnisse der Tierversuche grundsätzlich auf den Menschen nicht übertragbar sind, daß sie wertlos sind, daß sie nur eine Alibifunktion ausüben, aber mit Wissenschaft nichts zu tun haben, diese Erkenntnis ist schon seit allzu langer Zeit bis zum Überdruß immer wieder von den wirklichen Kennern geäußert worden, und immer wieder ist ihre Richtigkeit durch tragische pharmakologische Ereignisse, die Tausende von Menschenopfern nach sich zogen, nachgewiesen worden. Hunderte von diesbezüglichen wissenschaftlichen Protokollen und Aussagen von Forschern und Fachleuten, die zur medizinischen Elite gehören, sind in *Nackte Herrscherin* aufgeführt. In der vorliegenden Schrift wird dargelegt, wie es das internationale CHAV-Kombinat fertiggebracht hat, daß die Tierversuche dennoch immer noch von den »Gesundheitsbehörden« aus eigenen Gnaden zum Wohle der Pharma-Industrie, aber zum Verhängnis des abergläubischen Volkes als gültig anerkannt werden: nämlich dadurch, daß Ausschußmitglieder des CHAV-Kombinats im Gesundheitsamt Schlüsselstellungen einnehmen und sogar die Rolle des »Gesetzgebers« übernommen haben, so daß sie sich die für ihr eigenes Kombinat günstigsten Gesetze nach Maß zurechtschneidern können. Nachher berufen sie sich scheinheilig auf die von ihnen selbst angefertigten Gesetze.

Eine intensive, durch die Behörden und die Medien geführte Gehirnwäsche hat das Volk davon überzeugt, daß die medizinische Wissenschaft noch nie zuvor eine so hohe Stufe erreicht habe, obwohl die sogenannte medizinische Forschung bisher noch kein Heilmittel gegen Schnupfen gefunden hat – ganz zu schweigen von Heilmitteln für Grippe und Rheuma, für Koronarthrombose und Krebs, also für die häufigsten und sogar stets zunehmenden Krankheiten.

Mit Hilfe der heutigen Schulmedizin, die sich als bereitwillige Agentin der profitorientierten Pharma-Industrie erwiesen hat, und der ebenfalls der Chemie-Industrie hörigen Medien und Regierungen, wird auf Kosten der Volksgesundheit der größte Betrug betrieben, dem die Menschheit je zum Opfer gefallen ist. Diese Behauptung benötigt keine weitere Beweise. Sie finden sich in der vorliegenden Schrift, in *Nackte Herrscherin* und in den zahlreichen darin angegebenen Quellen.

Jetzt stellt sich nur die Frage, was der Durchschnittsbürger, dem endlich ein Licht aufgegangen ist, unternehmen kann, außer der Möglichkeit, auf die von der Schulmedizin vertriebenen Medikamente zu verzichten.

Die Erfahrung hat gezeigt, daß die meisten Menschen, die endlich über die Grausamkeit und der zwangsläufigen Wertlosigkeit der Tierversuchsmethode unterrichtet sind (zwangsläufig, weil Leute, die zu solchen Grausamkeiten imstand sind oder sie auch nur befürworten, einfach nicht die Fähigkeiten haben, die zum Verständnis der körperlichen und seelischen Gesundheit unerläßlich sind), für eine kompromißlose Abschaffung der Vivisektion sind – für eine Totalabolition. Aber wie können wir es angesichts der Übermacht der der Industrie hörigen Medien und Behörden fertigbringen, den größeren Teil unserer Mitbürger zu erreichen, damit die notwendige

Umwälzung auf friedlichem Wege erfolgen kann?

Daß die Vivisektionsgegner mangels Aufklärung heute noch in der Minderheit sind, darf sie nicht entmutigen. Die Anhänger einer jeden großen Bewegung (Christentum, Republikanismus, Sozialismus, nationalen Freiheitskämpfe usw.) waren anfangs stets in der Minderheit. Sie haben dennoch gesiegt, auch ohne große Geldmittel. Geldmittel waren sogar das Einzige, worüber einzig die Gegner im Überfluß verfügten.

Aber ausschlaggebender als Geld sind in einem solchen Kampf die Anhänger – die Menschen, die bereit sind, sich für die gute Sache einzusetzen, sich dafür zu opfern. Wie können wir mit wenig Geldmitteln neue Anhänger anwerben?

Wir müssen zunächst nach der Strahlentheorie arbeiten. Jeder einzelne Vivisektionsgegner soll sich vornehmen, innerhalb einer gewissen Zeitspanne, die er selbst festsetzt (ein paar Wochen? sechs Monate?), mindestens zehn neue Anhänger zu gewinnen, die sich dasselbe vornehmen. Keine lauwarmen Sympathisanten, sondern entschlossene Menschen der Tat, auf deren Teilnahme man bei größeren Kundgebungen zählen kann. Im Stillen weinen nützt nichts. Wenn das konsequent durchgeführt wird, sollte es nach den Regeln der geometrischen Progression nicht allzu lange dauern, bis dem Großteil der Bevölkerung die Augen aufgehen.

Jeder kann unabhängig vorgehen, sollte aber auch einer oder mehreren Ligen beitreten, selbstverständlich nur solchen, deren Politik *in Wort und Tat* abolitionistisch ist, nicht solchen, die mit Kompromissen wie Pseudokontrollen in den Laboratorien die Bewegung zu verwässern versuchen.

Vereine, welche Gelder für Fonds sammeln, die angeblich der Entwicklung »neuer Alternativmethoden« zugedacht sind, sollten streng gemieden werden. Diese verwässern die Bewegung nur. Auch wenn solche Fonds im besten Glauben gegründet worden sind, haben ihre Gründer und Leiter zur Genüge bewiesen, daß sie weder den Vivisektions- noch den medizinischen Problemen gewachsen sind. Alternativmethoden, deren es bereits viele gibt, sind von den Forschern selbst, ohne Zutun der Ligen, entwickelt worden. Damit sie tatsächlich Anwendung finden, und nötigenfalls neue gefunden werden, bedarf es zuallererst eines gesetzlichen Verbots aller Tierversuche. Dieses Verbot zu erwirken, soll die einzige Aufgabe der Vereine sein. Kein Wunder, daß das CHAV-Kombinat allenthalben die Fonds für Alternativmethoden mit Wohlwollen betrachtet. »Sucht nur fleißig Alternativmethoden, und laßt uns bei unseren Tierversuchen gefälligst in Ruhe«, so lautet ihre Parole.

Abolitionisten, die in ihrer Stadt keinen vertrauenswürdigen, also kompromißlosen Verband haben, sollten sich entweder zu einer solchen Liga zusammenschließen oder die Zweigstelle eines bereits bestehenden Verbandes errichten. Auch das läßt sich mit bescheidenen Geldmitteln bewerkstelligen, wenn auch etwas Geld für Plakate und Flugblätter aufgetrieben werden muß; in erster Linie sind Anhänger vonnöten.

Tätigkeiten, die die Verbände organisieren müssen oder vereinzelte Abolitionisten ausüben können:

- Plakate mit Laborbildern und Schlagzeilen beschaffen und ausstellen;
- Literatur, vor allem illustrierte Kampfblätter, verteilen;
- Unterschriften sammeln, dafür eventuell Tische, von Plakaten umgeben und mit einer Lautsprecheranlage versehen, in Stadtzentren aufstellen;
- Umzüge und andere augenfällige Demonstrationen organisieren, möglichst mit motorisierten Kolonnen, denn schon zwanzig Fahrzeuge können genügen, den Verkehr zum Stocken zu bringen oder jedenfalls allgemeine Aufmerksamkeit zu erregen;
- Leserbriefe an Zeitungen und Zeitschriften, an Rundfunk- und TV-Stationen senden, stets Artikel und Sendungen beantworten; möglichst maschinengeschriebene und knapp gefaßte Briefe, weil lange Briefe von den Redakteuren und zuständigen Stellen wegen Zeitmangels nur flüchtig

oder nicht gelesen werden, und praktisch nie publiziert werden;

- Zeitungsinserate aufgeben, die zwar kostspielig sind, aber einen Doppelzweck erfüllen; nicht nur wird die Leserschaft dadurch angesprochen, und zwar genau nach unseren Wünschen, sondern die Herausgeber der Zeitungen werden in Hinblick auf die Inserateneinnahmen unserer Bewegung gegenüber freundlicher gestimmt, so daß sie manchmal sogar auf die Publikation von Propagandaartikeln der Gegenseite verzichten oder gar Artikel unserer Seite annehmen;
- Politiker anschreiben.

Ausstellungen von Laborbildern und Schlagzeilen sollen vor allem übers Wochenende an strategischen Stellen, wo es große Menschenansammlungen gibt, organisiert werden: in Grünanlagen, auf Jahrmärkten, in Strandbädern, an den Ausgängen von Sportarenen, von Konzerten, Festivals, Zirkusvorstellungen, usw. Falls die Zeit der einzelnen es erlaubt, sind auch an Werktagen Plakatausstellungen mit Tischen zur Unterschriftensammlung in den Einkaufszentren sehr angebracht, ferner – aber in diesem Fall müssen es Gruppen von gutvorbereiteten Leuten sein, die sich nicht einschüchtern lassen und sich etwaigen tätlichen Angriffen zu widersetzen vermögen – am Eingang der »Höhle des Löwen«, nämlich der medizinischen Fakultäten und der pharmakologischen Institute, über die man große, weit sichtbare Spruchbänder mit der Aufschrift IN DIESEM INSTITUT WIRD VIVISEKTION BETRIEBEN spannt.

All diese Tätigkeiten sollen oft und zahlreich durchgeführt werden. Einmal ist keinmal. Hat jemand einmal einem Steinmetz bei der Arbeit zugesehen? Sein Hammer kracht scheinbar wirkungslos immer wieder auf den regungslosen Block hinunter. Ganz plötzlich zerbricht der Stein in Stücke.

Zum Beispiel wird eine Zeitung monatelang, vielleicht jahrelang keinen Brief der Vivisektionsgegner veröffentlichen. Inzwischen aber werden diese Briefe auf der Redaktion gelesen, oder wenigstens gezählt, allmählich tun sie ihre Wirkung, nach und nach gehen dem einen oder anderen Redakteur die Augen auf, vielleicht sogar dem Chefredakteur. Plötzlich erscheint der erste Brief in der Zeitung. (Um so besser, falls ein Befürworter der Vivisektion darauf antwortet; unvermeidlich wird man ihn Lügen strafen können.)

Dasselbe gilt für die an die Politiker gerichteten Schreiben.

Für den verantwortungsbewußten Bürger einer Demokratie ist es eine klare Pflicht, von dem Recht Gebrauch zu machen, jene zur Verantwortung zu ziehen, die er mit dem Stimmzettel beauftragt hat, seine Sache zu führen. Man denke stets daran, daß sie nicht unsere Herren sind. Sie sind unsere Diener. Wir haben ihnen die Vollmacht zum Regieren gegeben. Aber es ist weder eine dauernde noch eine uneingeschränkte Vollmacht. Der von uns gewählte Abgeordnete vertritt also unser Recht, unsere Forderungen. Lassen wir ihn unsere Wünsche, unsere Forderungen wissen. Er wird sich dafür einsetzen müssen, wenn er bei der nächsten Wahl wieder unsere Stimme haben will. Lassen wir ihn wissen, daß wir das wissen. Sogar der dickfelligste Abgeordnete wird aufhorchen und uns nicht mehr unbeachtet lassen, wenn er merkt, daß sein eigenes Wohl und Weh davon abhängt.

Ein Fehler, den die Antivivisektionsbewegung bisher begangen hat, ist, daß sie den Kampf nur im Rahmen des Tierschutzes geführt hat. Angesichts der Verheerungen, die die heutige pseudomedizinische Forschung angerichtet hat, muß der Kampf von jetzt an nicht mehr im Rahmen des Tierschutzes, sondern des Menschenschutzes geführt werden. Denn es ist nunmehr nachgewiesen, daß Qual am Tier in jedem Sinn Qual am Menschen bedeutet. Und der Mensch hat das Recht, sich dagegen zur Wehr zu setzen.

MEDIZINER GEGEN TIERVERSUCHE
1896–1990

Seit dem letzten Jahrhundert prangern namhafte Mediziner auf der ganzen Welt die Tierversuche als verrohend und irreführend an, aber sie werden von den chemiehörigen Medien und Behörden ignoriert und von den Wichtigtuern und Psychopathen in den medizinischen Fakultäten verlacht oder überschrien. Hier einige Stimmen unter Tausenden:

»Chloroform ist für Hunde so giftig, daß man das Betäubungsmittel dem Dienst am Menschen jahrelang vorenthalten hätte, wenn es zuerst an Hunden erprobt worden wäre. Als Flourens die verhängnisvolle Wirkung bei Hunden beobachtete, lehnte er Chloroform als Betäubungsmittel ganz und gar ab, und Sir Lauders Experimente mit Hunden führten zu Ergebnissen, die von allen führenden englischen Anästhetikern verspottet wurden.« (Dr. Benjamin Ward, in Biological Experimentation, **1896, S. 54)**

»Vivisektion ist für das Medizinstudium nutzlos. Sie ist auch nutzlos für das Studium der Physiologie, denn was wir heute von den Funktionen der Organe wissen, das hat sich aus der Behandlung von Kranken ergeben. In der Klinik, nicht im Laboratorium, haben wir gelernt, welche physiologische Rolle die einzelnen Organe im Menschenkörper spielen.« (Dr. Paquet, ehemaliger Inspektor der Enfants Assistés de la Seine, **in der Pariser Ausgabe der** New York Herald Tribune, **20. März 1904)**

»Die Tierversuche mit Medikamenten sind trotz ihrem wissenschaftlichen Wert ganz unfruchtbar geblieben für die Behandlung von Krankheiten, und im großen und ganzen sind die Ärzte heute am Krankenbett um kein Haar besser gewappnet, als sie es vor fünfzig Jahren schon waren.« (Prof. Dr. Felix von Niemeyer, Deutschlands berühmtester Arzt zur Zeit der Jahrhundertwende, Verfasser zahlreicher medizinischer Abhandlungen, in seinem Handbuch der praktischen Medizin, **7. Auflage)**

»Ein Tierversuch gibt nie sichere Indikationen auf das Ergebnis desselben Experiments am Menschen.« (Dr. Robert Koch, Nobelpreisträger, im Report of the Royal Commission 1906/12, **S. 31, Paragraph 48)**

»Die Vivisektion hat sehr viel Unheil angerichtet, Tausenden Tod und Elend gebracht.« (Dr. Wolfgang Bohn, in Ärztliche Mitteilungen, **Nr. 7/8, 1912)**

»Die Entdeckung der Betäubungsmittel hat den Tierversuchen nichts zu verdanken.« (Report of the Royal Commission on Vivisektion, **1912, S. 20)**

»Ich kenne keinen einzigen guten Chirurgen, der von der Vivisektion irgendetwas gelernt hat.« (Prof. Dr. Abel Desjardins, Präsident der Chirurgischen Gesellschaft von Paris, Professor für Chirurgie an der Ecole Normale Supérieure **und einer der führenden Chirurgen Frankreichs, in der** Intransigeant, **25. August 1925)**

»Dem jungen Mediziner wird weisgemacht, gesunde und kranke Menschen reagieren auf gleiche Weise wie Tiere, die zu Experimentalzwecken benutzt werden. Diese falsche Vorstellung hat der Heilkunst und den Patienten selbst sehr geschadet.« (Dr. Erwin Liek, einer der bekanntesten Chirurgen Deutschlands und Verfasser zahlreicher medizinischer Werke, in seinem Buch Die Mission des Arztes, **1930)**

»Alle unsere Kenntnisse über Struktur, Symptome, Diagnose und Behandlung der Krebsgeschwülste des Menschen stammen von denjenigen, die das Problem mit direkten klinischen Methoden angegangen sind. Zu diesen weiten Kenntnissen haben die Laboratoriums-Experimentatoren so gut wie nichts beigetragen.« (Dr. Hastings Gilford, in der angesehensten englischen Fachzeitschrift Lancet, 15. Juli 1933)

»Meiner Überzeugung nach ist das Studium der menschlichen Physiologie mittels Tierversuchen der groteskeste und phantastischste Irrtum, der auf dem ganzen Gebiet geistiger Tätigkeit jemals begangen wurde.« (Dr. G. F. Walker, in Medical World, 6. Oktober 1933)

»Die Untersuchung der Wirksamkeit der Vitamine und die nachträgliche kommerzielle Vitaminherstellung beruhten auf biologischen Proben, die sich seither als falsch erwiesen haben.« (Dr. Chalmers Watson, im Scottish Journal of Agriculture, Oktober 1933)

»Physiologische Experimente führen zu nichts. Ja, sie hindern den Fortschritt der medizinischen Wissenschaft.« (Leitartikel in Medical Times, März 1934, S. 37)

»Die Experimentatoren geben offen zu, daß Ulcuskrankheiten beim Menschen nicht durch solch drastische Veränderungen des Magendarmkanals verursacht werden, die man bei Versuchstieren hervorruft. Wozu werden dann derartige Experimente überhaupt gemacht? Das Ganze hört sich für einen kritisch Denkenden geradezu lächerlich an.« (Medical World, 12. Februar 1937, S. 847)

»Wir möchten wissen, wann sich die Ärzte zusammentun werden, um ihre Unzufriedenheit mit der Art und Weise auszudrücken, mit der sie über die veröffentlichten Resultate der Tierversuche in physiologischen und pharmazeutischen Laboratorien irregeführt werden.« (Leitartikel in Medical Times, April 1937)

»Aufgrund von Tierversuchen ist behauptet worden, das verhältnismäßig neue Präparat Acetylcholin sei bei Darmverschluß von großem Wert. Jetzt wissen wir, daß es für Menschen, die an Darmverschluß leiden, gefährlich ist und sogar zum Tode führt, wenn man es nach Operationen verabreicht.« (Leitartikel in Medical World, 15. April 1938, S. 246)

»Früher wurden wir – nur aufgrund von Tierversuchen – gelehrt, daß Digitalis den Blutdruck hebe. Jetzt wissen wir, daß dies reiner Unsinn ist. Digitalis erweist sich vielmehr als ein sehr wertvolles Heilmittel in gewissen Fällen, wenn der Blutdruck abnorm hoch ist.« (Dr. James Burnet, in Medical World, 3. Juli 1942, S. 388)

»Das Überhandnehmen der Tierversuche bedroht in mancher Hinsicht die Grundlage der praktischen Medizin. Krankheitszustände lassen sich bei Tieren nicht genau nachvollziehen, wozu also auf derartigen Experimenten bestehen?« (Dr. James Burton, einer der bekanntesten englischen Ärzte und ehemaliger Professor an der Universität Aberdeen, in einem Leitartikel in Medical World, 18. Mai 1945)

»Im Verlauf der Jahre scheint der Krebs zuzunehmen. Die Suche nach der Ursache hat bisher zu sehr spärlichen Ergebnissen geführt, größtenteils infolge der Tatsache, daß die Krebsforschung anhand von Tierversuchen betrieben worden ist.« (Aus Cancer, an Abstract Review, in Medical Review, Februar 1951)

»Der Magendarmtrakt des Menschen ist leider ganz anders als der der Tiere, und die Ergebnisse einer neuartigen Magenoperation lassen sich nicht aufgrund einer neuen Operation an Hunden voraussagen.« (Leitartikel in Lancet, 5. Mai 1951, S. 1003)

»Der Mensch ist in mancher Hinsicht ganz anders als jegliche Tierart, die in Käfigen gehalten und allen möglichen Experimenten unterworfen wird. Nur die klinische Wissenschaft kann Ergebnisse erzielen.« (Dr. Sir George

Pickering, Professor an der Universität London, in Lancet, **8. November 1952, S. 895)**

»Vagatomie ist insofern verkehrt, als jedes Vorgehen, das hauptsächlich auf Tierversuchen fußt, verkehrt ist.« (Dr. Sir Heneage Ogilvie im British Medical Journal, **9. August 1952, S. 302)**

»Die meisten Kenntnisse über Transplantationen beruhen auf Tierversuchen. Tiere aber unterscheiden sich in ihrer Reaktion auf Verpflanzungen vom Menschen ebensosehr wie in den Krankheiten, an denen sie leiden.« (Leitartikel in Lancet, **29. November 1952, S. 1068)**

»Chloramphenicol, eines der neueren Antibiotika, ist als Ursache tödlicher aplastischer Anämie beim Menschen verzeichnet worden. Aber bei keinem der vielen Experimente mit Hunden hat sich jemals eine schädliche Nebenwirkung gezeigt.« (»Bulletin«, Easton, Massachusetts, 2. April 1953)

»Kein Experimentator kann eine einzige Tatsache in bezug auf Humankrankheiten vorbringen.« (Dr. D. A. Long vom staatlichen Institut für medizinische Forschung, London, in Lancet, **13. März 1954, S. 532)**

»Im Gegensatz zur weitverbreiteten Annahme, die auf Tierversuchen beruht, rufen Xanthin-Präparate beim Menschen zerebrale Gefäßverengungen hervor.« (Dr. Seymour S. Ketty, Direktor des staatlichen Instituts für geistige Gesundheit in Bethesda, Maryland, in Triangle, **Bd. III, Nr. 2, Juni 1957.)**

»Es gibt wirklich keine logische Grundlage für die Übertragung der Tierversuche auf den Menschen.« (Dr. L. Goldberg, Karolinska-Institut, Stockholm, in Quantative Method in Human Pharmacology and Therapeutics, **Pergamon Press, London, 1959, S. 197)**

»Es ist nicht möglich, die Experimentalergebnisse der Krebsinduktion an Tieren auf den Menschen anzuwenden.« (Dr. Kenneth Starr, Leiter der Sonderkommission zur Krebsforschung und -behandlung für das Gesundheitsamt in Neusüdwales, Sydney Morning Post, **7. April 1960)**

»Offenbar ist man der Meinung, durch Tierversuche ließen sich grundlegende Wahrheiten enthüllen und dann auf kranke Menschen anwenden. Da ich Physiologe bin, fühle ich mich ermächtigt, zu einem derartigen Anspruch Stellung zu nehmen. Es ist reiner Unsinn.« (Dr. Sir George Pickering, führender Professor für Medizin an der Universität Oxford, im British Medical Journal, **26. Dezember 1964, S. 1615/9)**

»Tierstudien werden aus gesetzlichen und nicht aus wissenschaftlichen Gründen betrieben. Oft ist es sinnlos, diesen Studien zukünftigen Wert für die Menschheit zuzumessen – das heißt, unsere ganze Forschung könnte sinnlos sein.« (Dr. James D. Gallagher, Leiter der Abteilung für medizinische Forschung, Lederle-Laboratorien, im Journal of the American Medical Association, **14. März 1964)**

»Die Tierversuche mit Atheromen haben unsere Fortschritte eher aufgehalten als gefördert.« (Medical News Tribune, **London, 18. September 1970)**

»Kein Tiertumor ist einer Krebsgeschwulst beim Menschen nahe verwandt.« (Lancet, **15. April 1972)**

»Ich glaube nicht, daß die Leiden, die ich Versuchstieren zugefügt habe – es waren leider etliche –, der Menschheit im geringsten geholfen haben. (Dr. Richard Ryder, Psychologe am Warneford Hospital, Oxford, in der Sunday Mirror, **24. Februar 1974)**

»Berufliche Tierquälerei ist finanziell ebenso lohnend wie moralisch korrupt. Die Berichte in den medizinischen Zeitschriften, von den Experimentatoren selbst verfaßt, zeugen unwiderlegbar von ihrer gefühllosen Verrohung.« (Barbara Schultz, Mitglied des Beratungsausschusses des Justizministers Louis

Lefkowitz, in Newsday, New York, 12. Juli 1974)

»Nach unseren gegenwärtigen Kenntnissen kann man durch Tierversuche die voraussichtliche Wirkung, Wirksamkeit und Unschädlichkeit von Arzneimitteln beim Menschen nicht wissenschaftlich feststellen.« (Prof. Dr. Herbert Hensel, Leiter des Physiologischen Instituts der Universität Marburg, in der Beilage der Neuen Juristischen Wochen-Schrift in der Zeitschrift für Rechtspolitik, Heft 12, 1975)

»Praktisch alle Tierversuche sind statistisch wissenschaftlich unhaltbar. Die Ergebnisse der Tierversuche sind grundsätzlich auf den Menschen nicht übertragbar. Sie sind wertlos. Wenn humanmedizinische Tierversuche trotzdem vorgenommen werden, können sie nur als pseudowissenschaftlich bzw. als Alibifunktion angesehen werden. Mit Wissenschaft haben sie nichts zu tun.« (Dres med. Herbert und Margot Stiller in ihrem Buch Tierversuch und Tierexperimentator, 1977)

»Die Organe des Tiers und des Menschen zeigen in der Empfindlichkeit gegenüber chemischen Verbindungen auffallende Unterschiede. Allergische Reaktionen als typische menschliche Arzneimittelschädigungen sind tierexperimentell kaum nachzuweisen ... Die Frage ist berechtigt, welche medizinischen Entdeckungen von Tragweite tatsächlich durch Tierversuche zustande gekommen sind. Das Postulat, Tierversuche wenn immer möglich durch andere Methoden zu ersetzen, ist dringlich und sollte von uns Ärzten unterstützt werden.« (Dr. Balz Widmer, Schweizerische Ärztezeitung, 16. August 1978)

»Die Tierversuche müßten überall verboten werden.« (Der berühmte deutsche Chirurg Dr. Julius Hackethal in einem Interview für Die Zeit, 13. Oktober 1978)

»Ude bezeichnet die Vivisektion treffend als Kulturschande, doch wir Ärzte als verantwortliche Träger einer humanitären Idee gebärden uns so, als ob dieses Problem vollumfänglich in den Untiefen unseres Bewußtseins verlorengegangen wäre ... Es ist zu hoffen, daß sich die Ärzte endlich eines Postulats annehmen, das verlangt, daß die Tierversuche durch andere Methoden ersetzt werden. Andernfalls hat unsere Gleichgültigkeit eine nicht zu unterschätzende Beweiskraft.« (Dr. F. Schenk, Schweizerische Ärztezeitung, 29. November 1978)

»Keine Tierart kann als experimentelles Modell für eine andere Art dienen.

Die grundlegenden wissenschaftlichen Methoden der experimentellen Medizin lassen sich in drei Gruppen aufteilen: die epidemiologische Forschung, die mathematischen Modelle und die Zell- und Gewebekulturen in vitro. Diese Methoden versprechen uns keine sensationellen und kurzfristigen Fortschritte, aber kleine sichere Schritte auf einem geraden Wege.

Häufige Frage: »Warum werden sie dann so selten angewandt?« Es gibt nur einen Grund: weil die Universitäten in ihrem arroganten und vertrockneten Akademismus fortfahren, die jungen Generationen für Experimente an Tieren abzurichten. Man ist nicht fähig und nicht willens, sich von einer Philosophie und einer Praxis zu befreien, die blind in einer Sackgasse herumirrt. Am Alten festzuhalten ist bequemer als jede Neuerung, und darum herrscht immer noch eine veraltete Zivilisation. Doch auch die mächtigsten Imperien sind gestürzt worden, und dies mit umso mehr Getöse, je größer sie waren.« Prof. Dr. Pietro Croce, Tierversuch oder Wissenschaft – eine Wahl?, Sept. 1988)

Eines der Lieblingsmärchen der Wissenschaftsfälscher ist das des Aspirins, dessen Entdeckung sie dem Tierversuch zuschreiben. Das ist reine Bauernfängerei, eine bewußte Irreführung, denn gerade dieses Medikament müßte auf Grund von Tierversuchen für den menschlichen Gebrauch ausgeschlossen werden. Aspirin tötet Katzen und ruft in Mäusen Mißbildungen hervor. (Dafür konnten Mäuse jahrelang ohne Schaden Contergan fressen – so kam dann das unheilbringende »Heilmittel« auch auf den Markt!)

Wie das Aspirin entdeckt wurde, berichtet unter anderem Dr. René Dubos, Professor für Mikrobiologie am Rockefeller-Institut von New York, Pulitzer-Preisträger für seine wissenschaftlichen Werke, Biograph von Louis Pasteur und einer der angesehensten Biologen unserer Zeit, in seinem Buch »Mirage de la Santé« (Editions Denoel, Paris, 1961, S. 127):

»Als der Geistliche Edward Stone feststellte, daß Rheumaleiden häufiger in niederen und feuchten Gegenden vorkamen, ging er vom Standpunkt aus, daß Gott in seiner Gnade bestimmt ein Heilmittel ganz in der Nähe der Krankheit gesetzt hatte. Von seinem Glauben geleitet, entdeckte er im Jahr 1763, daß ein Extrakt von Weidenrinde sehr wirksam gegen Rheumaschmerzen war. Im Laufe der nächsten 50 Jahre stellten die Chemiker fest, daß die Wirksamkeit des Extrakts einer Substanz zuzuschreiben war, die sie Salicylsäure nannten, nach dem lateinischen Wort für Weide – salix. Gerland synthetisierte diese Substanz im Jahr 1835, und 1853 synthetisierte Gerhardt deren Derivat, die Acetyl-Salicylsäure. Diese wurde dann unter dem Namen Aspirin auf den Markt gebracht, und aus Gründen, die man noch immer nicht kennt, erwies sie sich wirksamer als die Salicylsäure.«

»Tierversuche tragen im Normalfall nicht nur nichts zur Arzneimittelsicherheit bei, sondern bewirken geradezu das Gegenteil.« (Der Bonner Pharmazeut Prof. Dr. Kurt Fickentscher in »Diagnosen«, Nr. 3, März 1980)

»Ich habe auf die Polio-Schutzimpfung verzichtet, als Jonas Salk nachwies, daß der beste Weg, um in den Vereinigten Staaten an Polio zu erkranken darin bestand, sich in der Nähe eines Kindes aufzuhalten, das unlängst mit der Sabin-Vakzine geimpft wurde«. (Prof. Dr. Robert Mendelsohn, Chicago, Newsletter The People's Doctor, **Vol. 8, No 12, 1984).**

»In den Vereinigten Staaten ist heute die einzige Ursache für Polio die orale Poliovakzine, die routinemäßig Kindern verabreicht wird im gesellschaftlichen Bemühen, die Nation von dieser Krankheit zu befreien.« (Bill Curry, Los AngelesTimes, »Polio-Krieg – erneute Kontroversen«, **L. A. Times, 1. Juni 1985)**

»Niemals ist ein Mensch, gleichgültig ob Erwachsener oder Kind, durch eine Impfung vor der Erkrankung bewahrt oder geschützt worden, gegen die sich die Impfung richtete. Im Gegenteil – im Inkubationsstadium durchgeführte Impfungen führten zu vermehrten Erkrankungen und zu Todesfällen, die der Impfung angelastet werden müssen.« Dr. Gerhard Buchwald, Impfungen: der unglaubliche Irrtum, **Mai 1990, S. 166)**

Hinweis: Eine umfangreiche Sammlung von Ärztestimmen gegen Tierversuche finden Sie in dem Buch Fliegel/Ruesch „1000 Ärzte gegen Tierversuche".

Wie auf Kosten der Steuerzahler und der Volksgesundheit

Milliarden und Krankheiten fabriziert werden

DIE MODERNE BARBAREI

die unter Mitwirkung des Staates und mit Hilfe

der industriehörigen Medien dem Volk als

»Wissenschaft« vorgegaukelt wird.

DER SÜNDENBOCK

Diese verängstigten Menschenäffchen müssen für Drogenexperimente herhalten. Die Zauberlehrlinge der Versuchslabors werden sie zu Süchtigen machen, unter dem Vorwand, Medikamente für die »Heilung« Drogensüchtiger zu finden. Diese »Heilmittel« haben sich bereits als viel schlimmer entpuppt, als der Schaden, den sie beheben sollten, da sie eine neue, noch verhängnisvollere Abhängigkeit verursachen.

Dieser kreischende, an Entziehungskrämpfen leidende Affe flieht vor der Spritze des Forschers, der an ihm ein neues Mittel ausprobieren will. Aber im Menschen wird dann die Antidroge selbst zur Droge. Eine davon ist Methadon, die auch in der Schweiz mehrere Tote verursacht hat: Der Teufel wird mit Belzebub ausgetrieben. Dazu sagte der in Luzern ansässige Drogenspezialist Dr. med. Karl J. Deissler: »Die erste Drogenwelle, Heroin, war aus dem Ausland importiert. Die zweite Drogenwelle, Methadon, kommt jedoch aus der Schweiz... Es gibt in den Vereinigten Staaten jährlich über 1000 Methadon-Tote. Methadon hält die Heroinsüchtigen weiterhin süchtig, bis sie wieder ans Heroin herankommen.« (Interview in der *Schweizer Illustrierten*, 29. August 1977)

Diese drei Menschenaffen kommen aus den stählernen Bändigungsapparaten nicht mehr lebend heraus. Durch Elektroschocks, die ihnen direkt durch den eisernen Gürtel verabreicht werden, entwickeln sie die Symptome, d. h. die äußeren Merkmale, epileptischer Anfälle:
Konvulsionen, Bewußtlosigkeit, Schaum vor dem Mund usw. Man gibt an, »Heilmittel« für Epileptiker ausprobieren zu wollen. Da jedoch die Anfälle der Epileptiker nicht von Elektroschocks verursacht sind, sind solche Proben von vornherein sinnlos.

»Der Begriff ›Vivisektion‹ ist irreführend und darauf berechnet, durch Aufzählung von phantastischen Grausamkeiten das Publikum zu täuschen. Der Tierversuch, wie er in der Industrie herangezogen wird, entspricht den Prinzipien des Tierschutzes.« *(sic!)*
Aus dem Bericht des Basler Regierungsrats (s. S. 46)

1
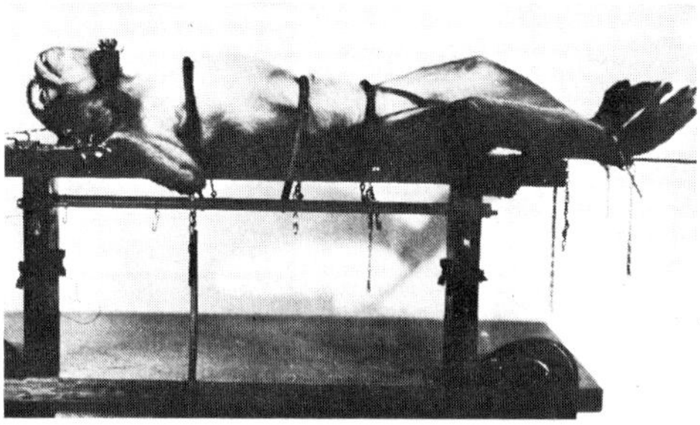

2

3
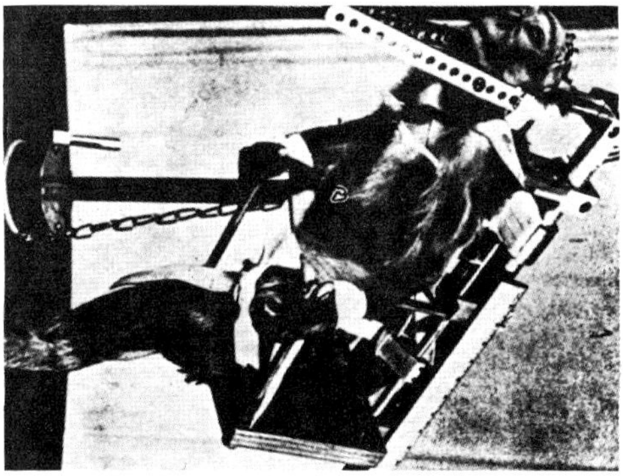

4
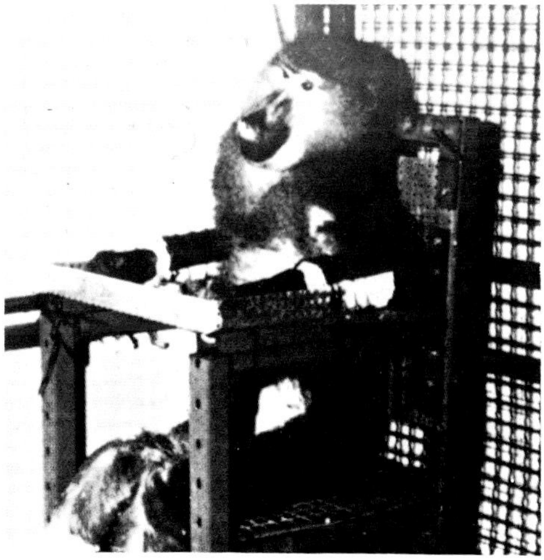

(1) Altmodisches Bändigungsbrett. (2) Testsitz im Washington Health Center. (3) Affe mit Elektroden im Hirn in einem »Ziegler-Stuhl« befestigt. Wie das *Journal of Laboratory and Clinical Medicine* (September 1952) berichtet, ermöglicht es dieser Apparat, die Stellung des festgeschnallten Affens beliebig zu verändern, auch mit dem Kopf nach unten, so daß wundgelegene Stellen heilen können, während neue Wunden an anderen Körperstellen entstehen. So ist es möglich, den Affen bis zu vier Jahre lang, während er dauernden Experimenten ausgesetzt ist und niemals losgeschnallt wird, am Leben zu erhalten. (4) Neuerer Bändigungsstuhl. Dieser Pavian starb nach vier Monaten Dauerhaft im Stuhl, als Folge einer Aorta-(Venen-)Verpflanzung.

»Die Tierversuchsgegner verschweigen, daß die von ihnen gezeigten Bilder mit verschwindenden Ausnahmen Versuche darstellen, die an narkotisierten, beziehungsweise für Schmerz vollständig unempfindlich gemachten Tieren vorgenommen werden.«
Aus dem Bericht des Basler Regierungsrats (s. S. 48)

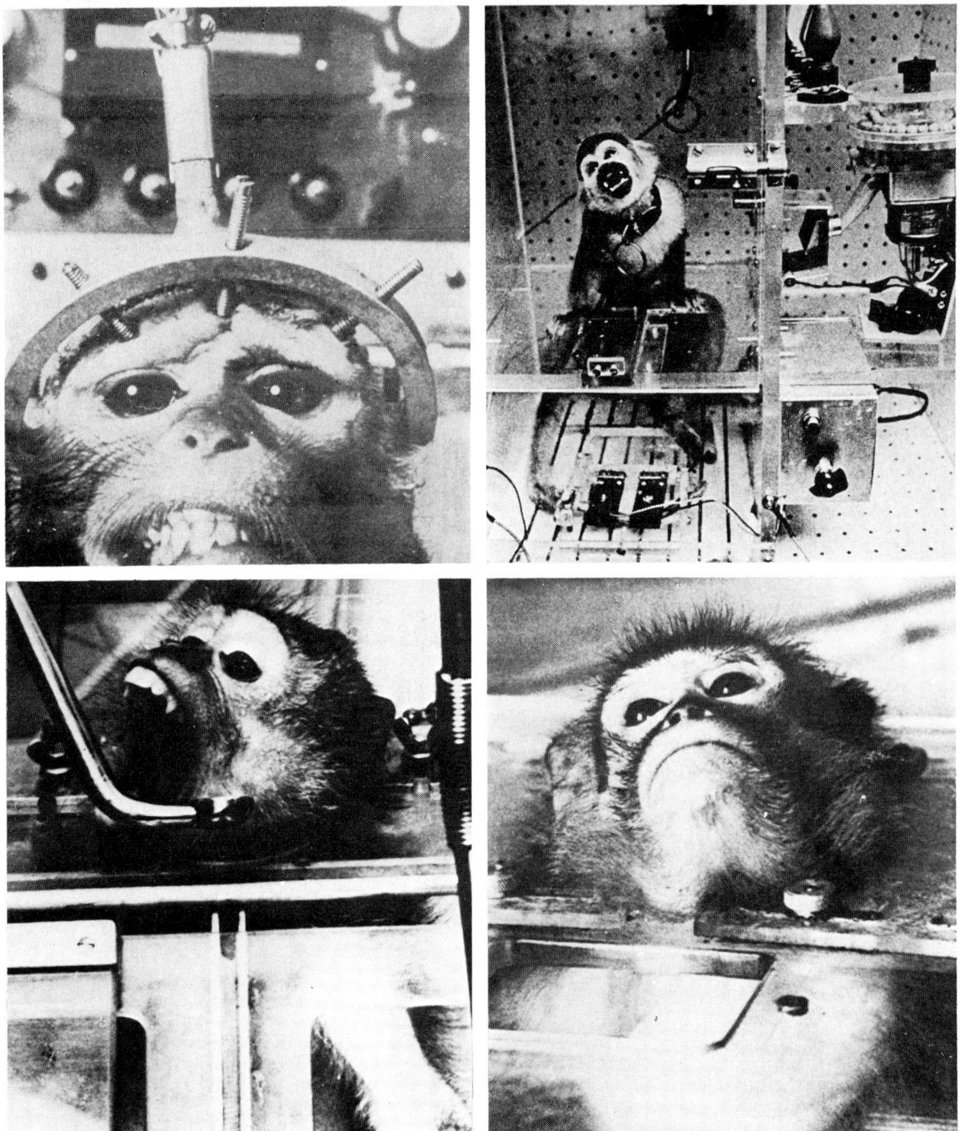

»Offenbar ist man der Meinung, durch Tierversuche ließen sich grundlegende Wahrheiten enthüllen und dann auf kranke Menschen anwenden. Da ich Physiologe bin, fühle ich mich ermächtigt, zu einem derartigen Anspruch Stellung zu nehmen. Es ist reiner Unsinn.«
(Dr. med. Sir George Pickering, führender Professor für Medizin an der Universität Oxford, im *British Medical Journal*, 26. Dezember 1964)

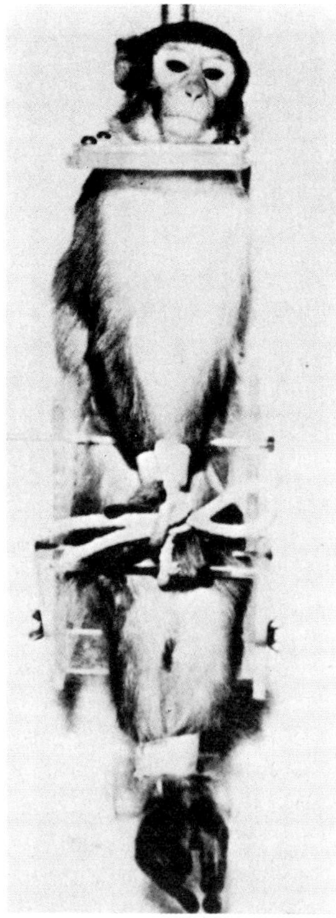

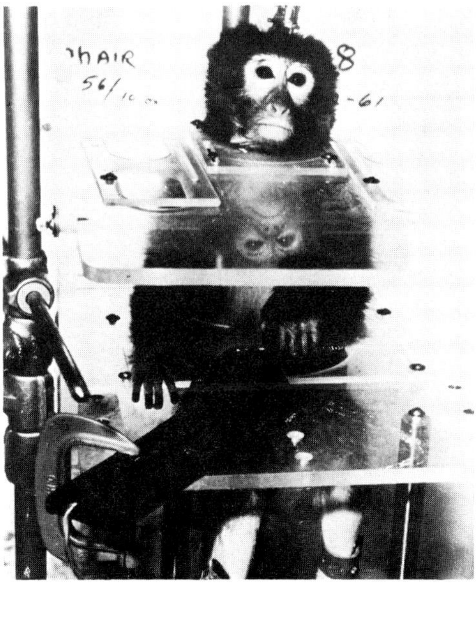

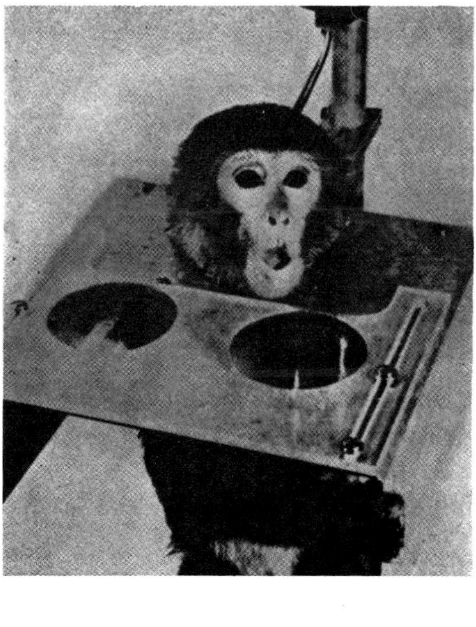

»Alle Operationen beim Tier werden unter denselben Kautelen ausgeführt wie beim Menschen.« *Aus dem Bericht des Basler Regierungsrats* (s. S. 50)

1

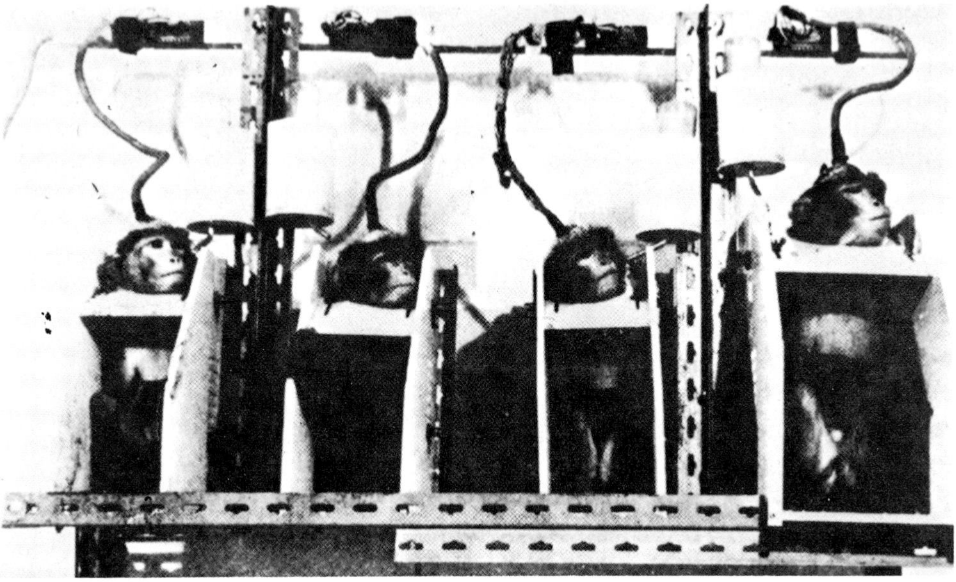

(1) Serienfolter an Menschenaffen mit durchbohrtem Schädel und Elektroden im Gehirn.

(2) Nach einer schweren Gehirnoperation, bei dem ihm die Hälfte des Schädels abgesägt wurde, besorgt man für diesen Menschenaffen nicht einmal einen Käfig; er muß sich, auf einem Rohr sitzend, an der Wand festklammern.

(3) Dieser neuere Plastikhelm erleichtert das Einflößen von verschiedenen Chemikalien direkt in das Gehirn des unbetäubten Menschenaffens.

2

3

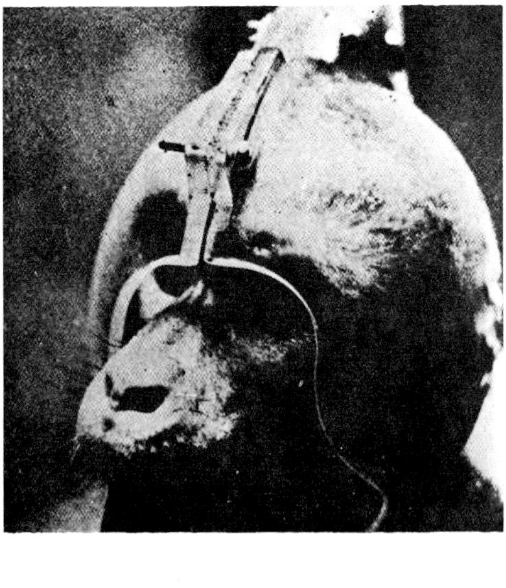

1

Photo Henry Spira

(1) Ein Rhesusaffe in einer Tretmühle des U.S. Army Radiobiologischen Instituts in Bethesda, Maryland. Nach einer Gamma-Neutronen-Bestrahlung wurden 239 Affen durch Elektroschocks zum Treten angetrieben bis sie starben. Im folgenden Jahr hat die indische Regierung ein Exportverbot für Rhesusaffen erlassen, die infolge des Experimentierwahns des Westens im Aussterben begriffen sind. Diese humanitäre Maßnahme wurde von vielen Medien, vor allem in der Schweiz, als »rückständig« beanstandet.

2

(2) Raumsparende Transportvorrichtung, um bestrahlte Affen samt Bändigungsbrett zu verfrachten, abgebildet in *Laboratory Animal Science*, Vol. 22, No. 3, Juni 1972.

3

(3) Die Psychopathen der Laboratorien wollen sehen, wie weit man eine Kreatur durch Anwendung aller erdenklichen Torturen, inklusive Elektrifizierung des Futternapfes, seelisch zerstören kann. Dieses Rhesusäffchen wagt es nicht mehr, den Blick auf eine solche Welt zu heben.

(1) Den Wichtigtuern der Laboratorien ist das Kunststück gelungen, diesen Schimpansen künstlich mit Syphilis zu infizieren, einer Krankheit, die in der Affenwelt sonst nie vorkommt. Seit Jahren wartet er traurig auf den Tod.

(2) Ein Computer ersetzt einen Teil des Gehirns: ein Druck auf den Knopf, und das erwachsene Kind am Schaltbrett sieht fasziniert zu, wie das lebende Spielzeug den Arm hebt.

(3) Prof. Harry F. Harlow, der das Primatenzentrum der Universität Wisconsin leitet, der chirurgischen Verstümmelungen der Affenhirne müde, hat ein neues Experiment ausgeheckt: 56 kleine Schimpansen wurden der Mutter gleich nach der Geburt entrissen und isoliert in Gehäusen mit festen Wänden eingesperrt, wo sie 5 bis 8 Jahre lang kein Lebewesen zu sehen bekamen. Ihr Verhalten beobachtet man durch Einwegfenster. »Das Tier nagt und kratzt an seinem Körper, bis es blutet.« Hier zeigt ein Assistent einen dieser verstörten Affen, der erstmals ein Lebewesen erblickt.

1

2
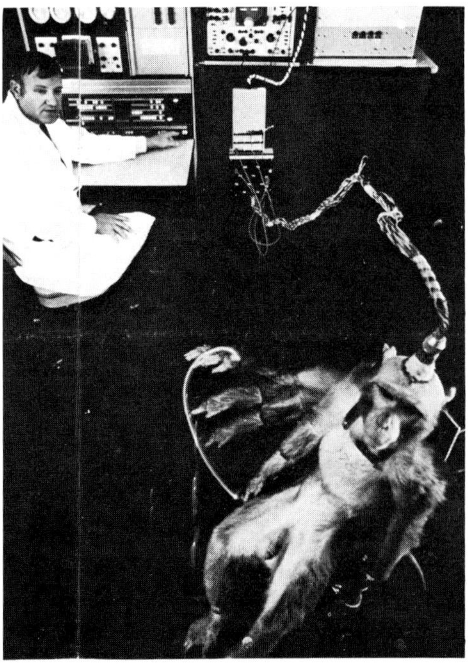

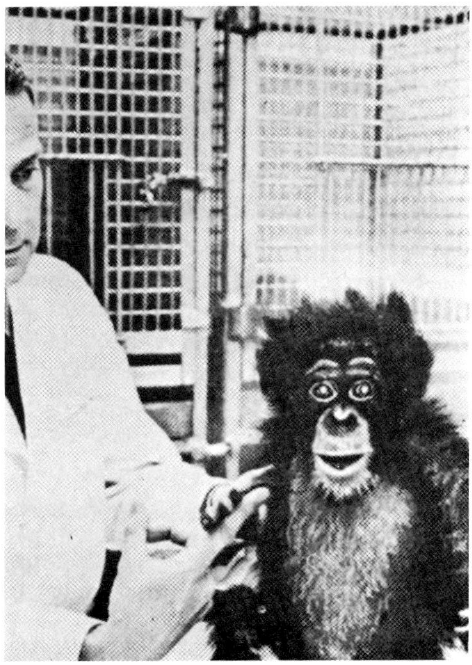
3

1 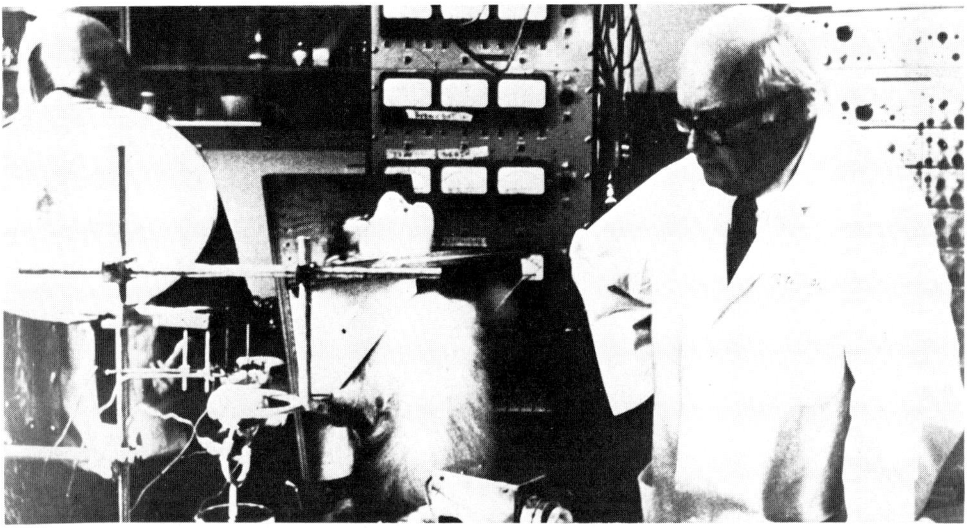

DR. ROBERT WHITE
VON CLEVELAND, OHIO, USA

Durch seine Affenkopfverpflanzungen bekannt geworden, hat sich dieser Forscher im Jahr 1977 bereit erklärt, einen Menschenkopf zu verpflanzen. Keiner seiner Versuchsaffen konnte nach der Verpflanzung den Körper bewegen. Anfangs bissen die verpflanzten Köpfe zu, wenn der gute Doktor ihnen in die Nase kniff. Die zu erwartende Abstoßungsreaktion hat allen Versuchstieren spätestens am 7. Tag das »Leben« gekostet: Ihr Gesicht schwoll an, die Zunge wurde unförmig dick, und die aufgedunsenen Augenlider schlossen sich – für immer.

(1) Dr. White betrachtet in »wissenschaftlicher« Pose einen seiner leidenden Patienten.

(2) Ein isoliertes Affenhirn reagiert angeblich auf das Quaken eines Frosches. (3) Um die Verpflanzungen vorzubereiten, hat Dr. White zunächst zahlreichen Affen wie diesem die Halsschlagader zerschnitten, dem Gehirn alles Blut entnommen, das Gehirn eine Stunde lang abgekühlt, dann das Blut ins Gehirn zurückgepumpt.

2 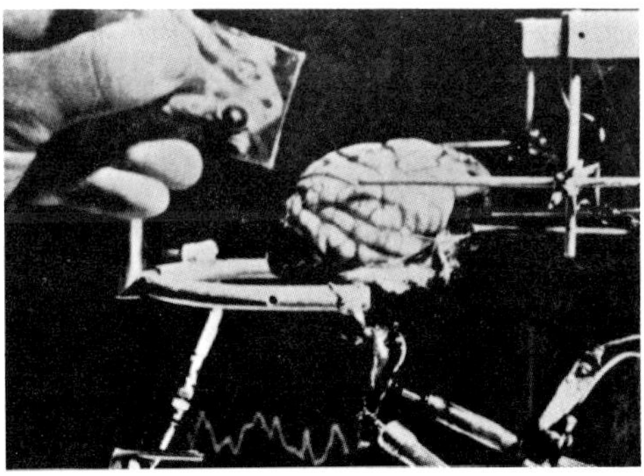

 3

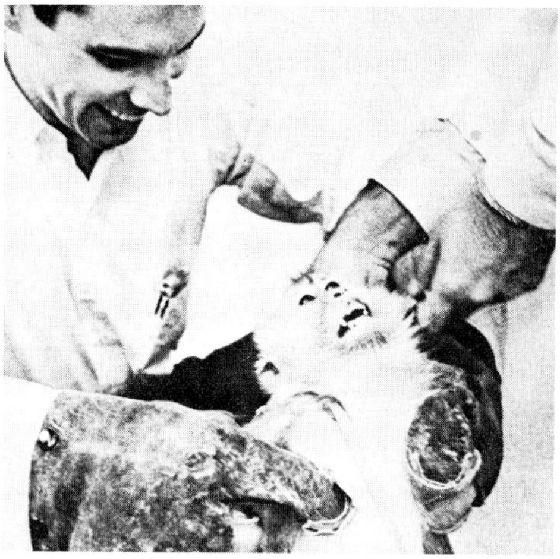

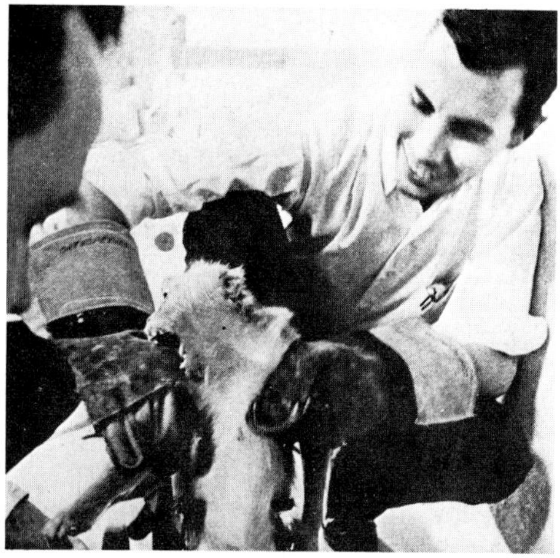

Was geschieht wohl, wenn ein Autofahrer gegen eine Zementwand prallt?
Um das herauszufinden, haben die »Wissenschaftler« der Universität Tulane in New Orleans, USA, im Jahre 1965 300 Rhesusaffen geopfert, obwohl die Affen viel widerstandsfähiger und elastischer sind als der Mensch, und seit fast einem Jahrhundert bereits Millionen von Autounfällen studiert wurden.

Oben: Das Äffchen schreit und beißt seinen lachenden Peiniger in den dicken Handschuh, um nicht festgeschnallt zu werden. Ein bißchen Kitzeln hilft.

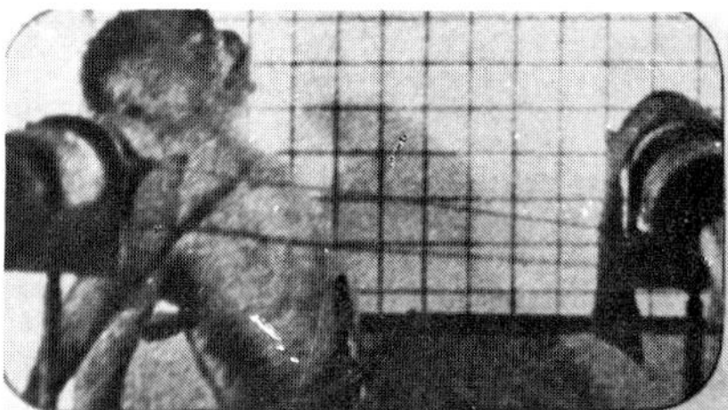

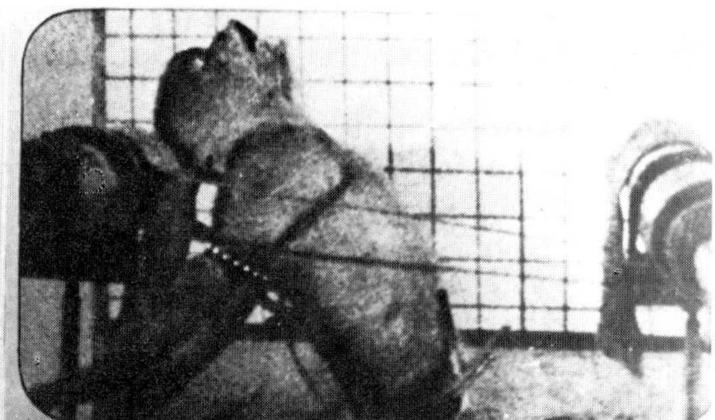

1

(1) »Was tut ihr mir bloß? Was habe ich euch getan?« Jetzt ist er an der Reihe, nachdem er den »Unfällen« seiner Artgenossen beiwohnen mußte.

Diese Tulane-Experimente regten Dr. Warren M. Crosby von der Universität Oklahoma an, sie mit trächtigen Pavianweibchen zu wiederholen, wofür ihm ein Stipendium von 103800 Dollar zugebilligt wurde. Darauf vermehrten sich derartige Tests im ganzen Land.

So konnte z. B. die Zeitschrift *Clinical Medicine* im Juni 1969 berichten, die »Forscher« seien zum Schluß gelangt, daß »die Geschwindigkeit den Grad des körperlichen Schadens bestimme« – was ihnen jeder Vierjährige, der jemals auf einem Dreirad gefahren ist, hätte sagen können.

(2,3) Weitere ersprießliche Experimente »zum Wohle der Menschheit«.

2

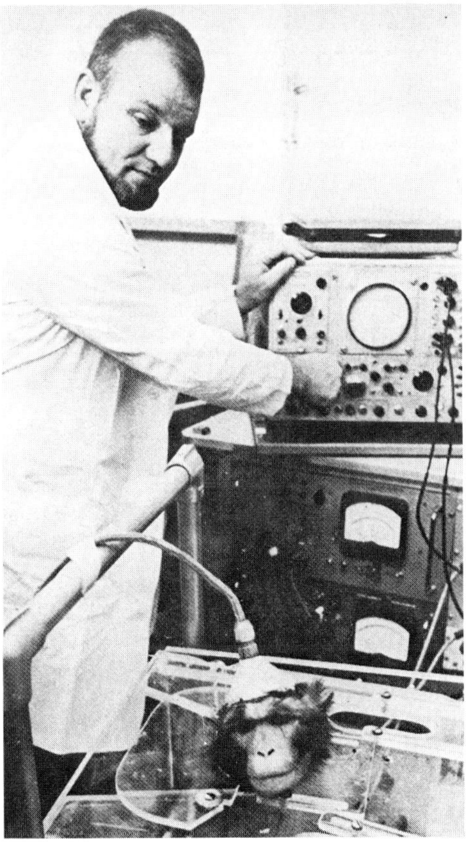

3

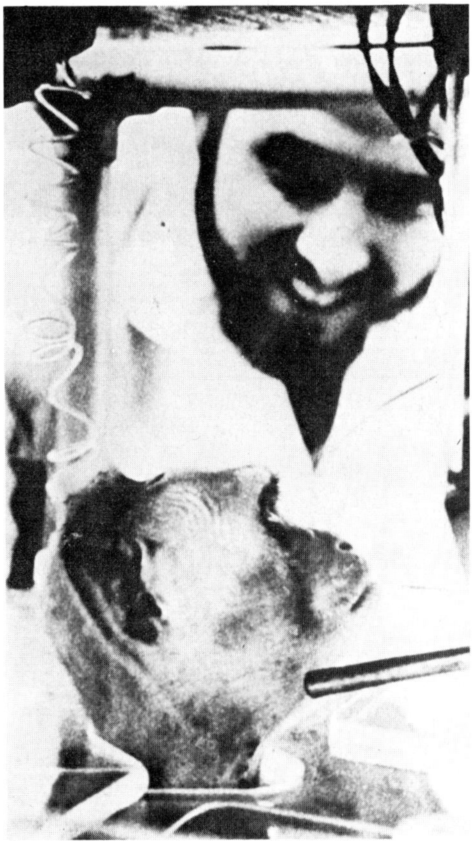

1

(1) Augentest mit Laserstrahl an einem Rhesusaffen. Manchmal werden die Augen der Menschenaffen durch den Laserstrahl zum Schmelzen gebracht. Andere Affen werden durch den Laserstrahl lebend entzweigeschnitten.

(2) Der Sündenbock. Unter dem Vorwand, »Aggression« oder »die Wirkung des Schmerzes auf Aggression« studieren zu wollen, werden friedliche Menschenaffen so lange elektrischen Schocks unterworfen, bis sie von derselben mörderischen Zerstörungswut ergriffen werden, die solche Experimente veranlaßt, und ein jeder versucht, den anderen zu töten. Im Yerkes Primaten-Institut von Atlanta, in den USA.

Mit dem Geld des ahnungslosen Steuerzahlers. Viele Hunderte von Menschenaffen werden jährlich auch in Deutschland und in der Schweiz für ebenso sinnlose Experimente unter dem Deckmantel der »Wissenschaft« und des »Menschenwohls« umgebracht. Der Staat leistet diesem Treiben Vorschub. Die chemiehörigen Medien kritisieren nicht diese Experimentatoren, sondern die Antivivisektionisten, die sich erdreisten, sie anzuprangern.

2

1

2

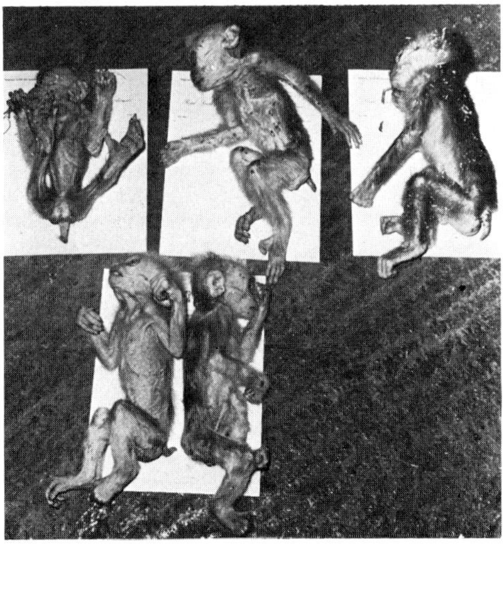

3

(1) Während der Reise von den Dschungeln Asiens, Afrikas und Süd-Amerikas zu den Laboratorien des Westens stirbt manchmal mehr als die Hälfte der zusammengepferchten Äffchen an Durst, Hitze, Kälte, Schrecken, physichen oder psychischen Traumata. Es sind fast durchwegs ganz junge Affen, die man gefangen hat, nachdem man im Laufe großer Treibjagden auf die stillenden Muttertiere geschossen hat. Die Jungen klammern sich an der sterbenden Mutter fest.

(2) Einige von Hunderten von Äffchen, die man zur Weihnachtszeit in der Zwischenstation des Londoner Flughafens tot geborgen hat. Während den Feiertagen ließ man sie verdursten.

In einem Jahr wurden über 85 000 Affen an die amerikanischen Laboratorien geliefert, was den Tod von mindestens weiteren 400 000 Affen nach sich zog.

(3) Wie Tausende von anderen Tieren jährlich müssen auch diese beiden jahrelang rauchen, um »nachweisen« zu können, daß die Zigaretten von irgendeiner Firma *keinen* Lungenkrebs verursachen, obwohl der Zusammenhang Nikotin-Lungenkrebs schon seit Jahrzehnten statistisch unwiderlegbar nachgewiesen ist – im Menschen.

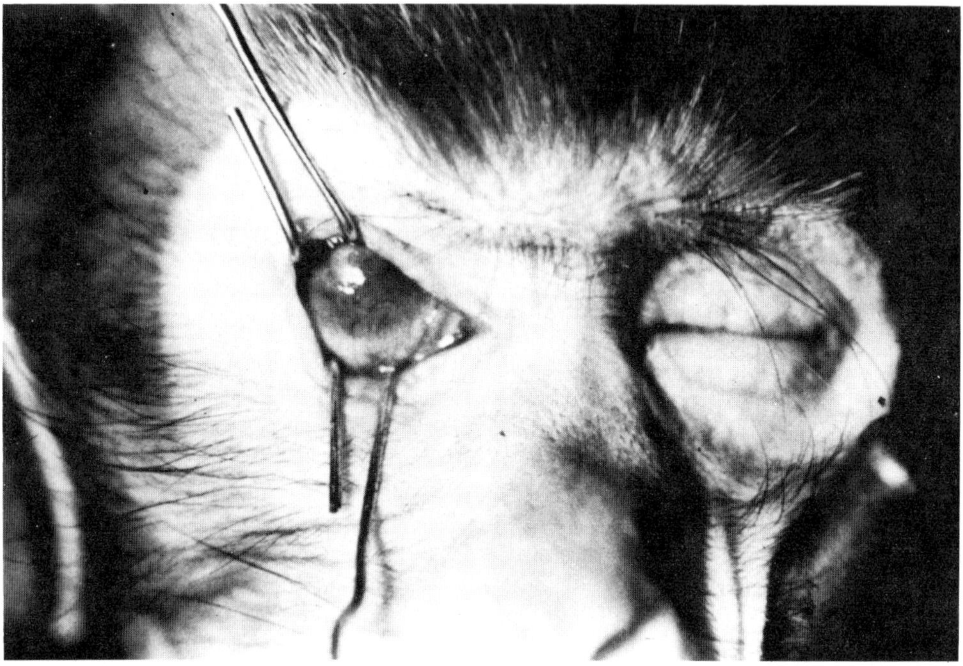

Augenverbrennung durch Bestrahlung

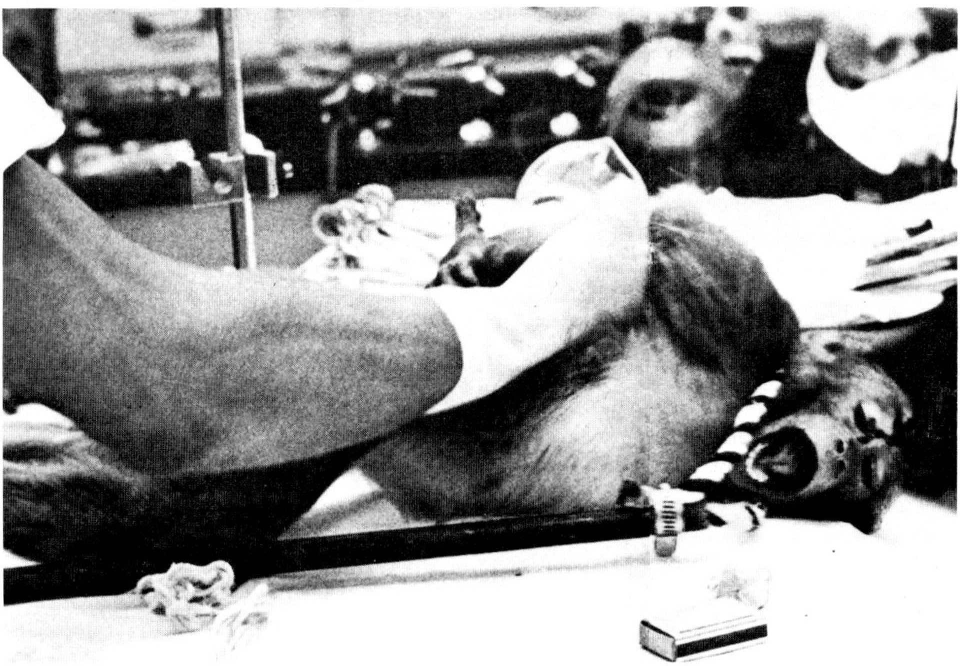

Bändigung eines Menschenaffen vor einer Operation.

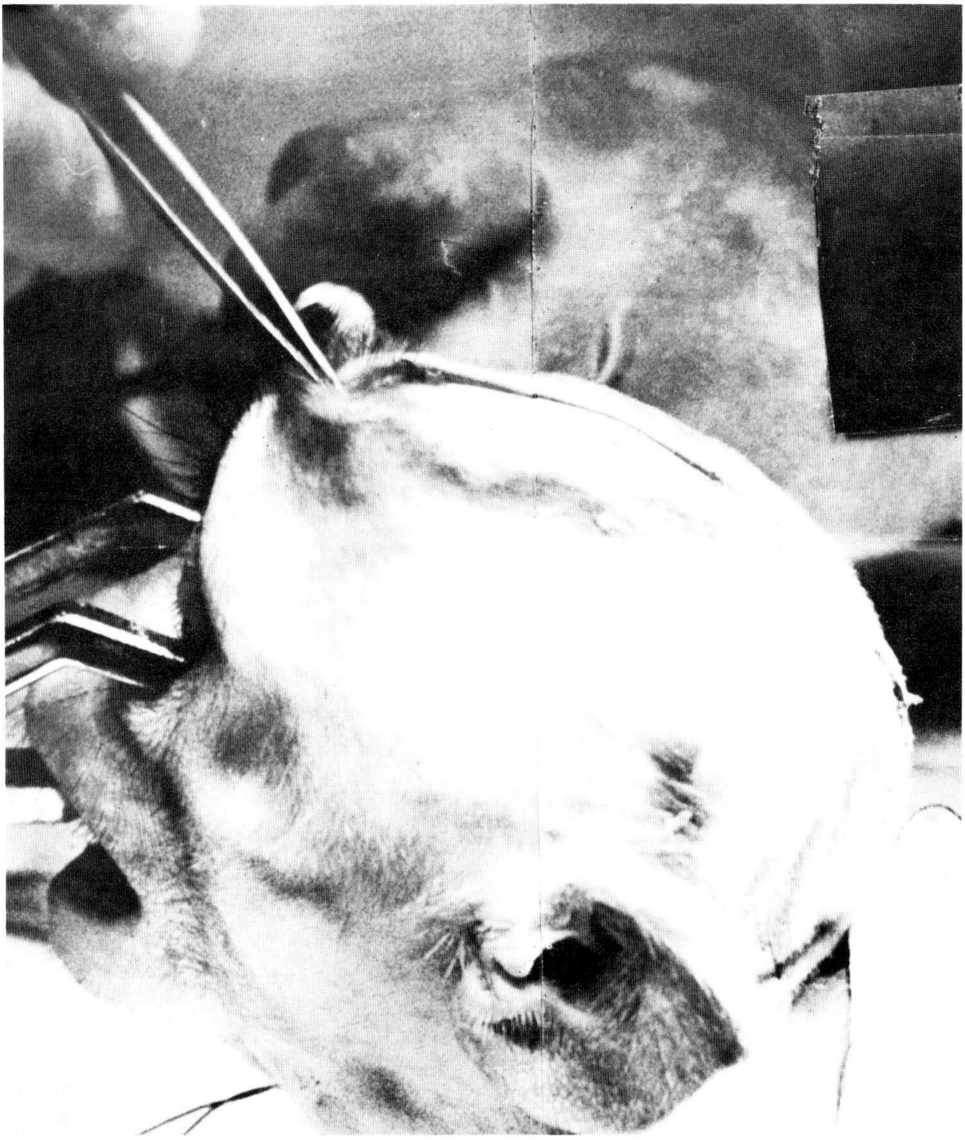

Entnehmen des Gehirns eines lebenden, durch ein stereotaxisches Gerät total immobilisierten Affen.

1

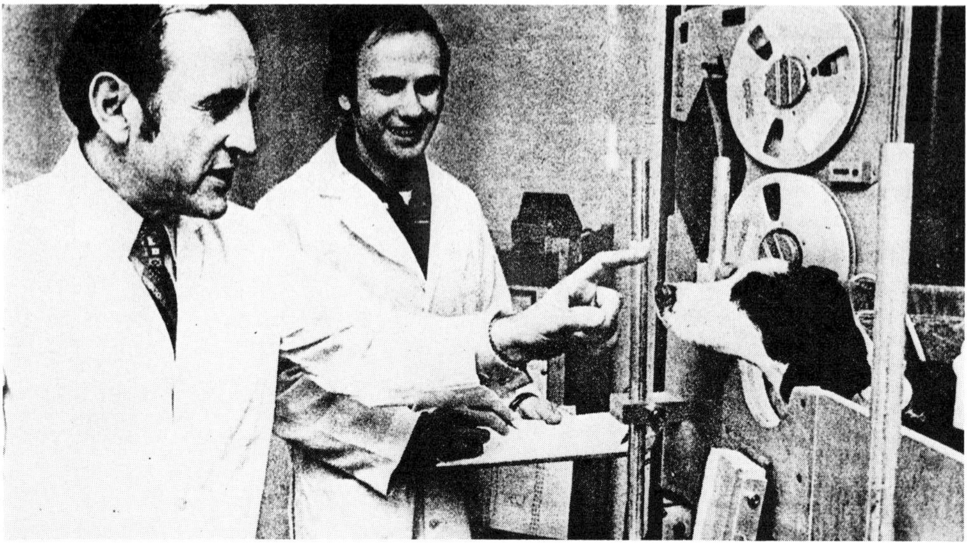

(1) Das Bild erschien in der *New York Times* vom 26. November 1976. Der Hund wird durch Einspannung in einen Bändigungsapparat in einen psychologischen Streßzustand versetzt. Er wird durch elektrischen Strom direkt ins Herz getötet. Hunderte von Hunden wurden so geopfert, um festzustellen, daß es weniger Strom erfordert, einen gestreßten Hund zu töten als einen, der in seinem Käfig ruht. Diese Experimente wurden in der medizinischen Fakultät der berühmten Universität Harvard (USA) von den Doctores Bernard Lown (links) und Richard L. Verrier vorgenommen.

(2) Sowjetforscher Demikow nähte dem Versuchshund »Pirat« einen zweiten Hundekopf an, der selbständig fressen konnte. Nach 29 Tagen mußte der zweiköpfige Hund abgetan werden, weil sich die beiden Köpfe, verrückt vor Schmerzen, immer gegenseitig angriffen.

2

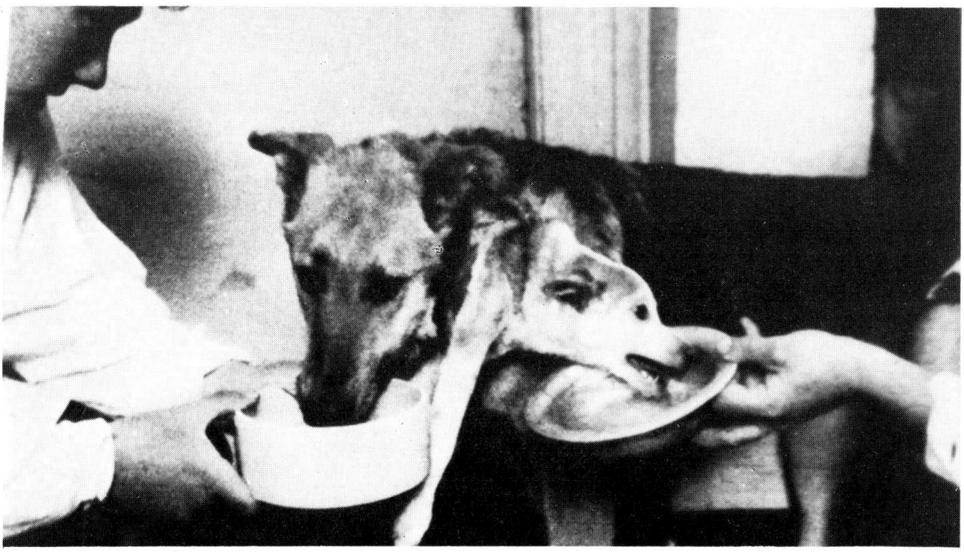

1

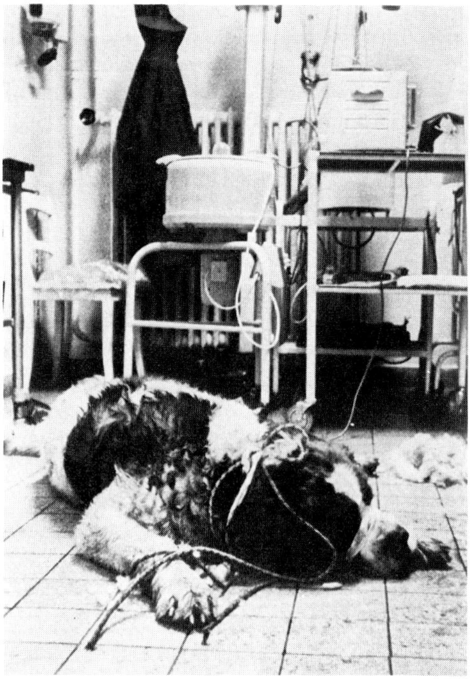

2

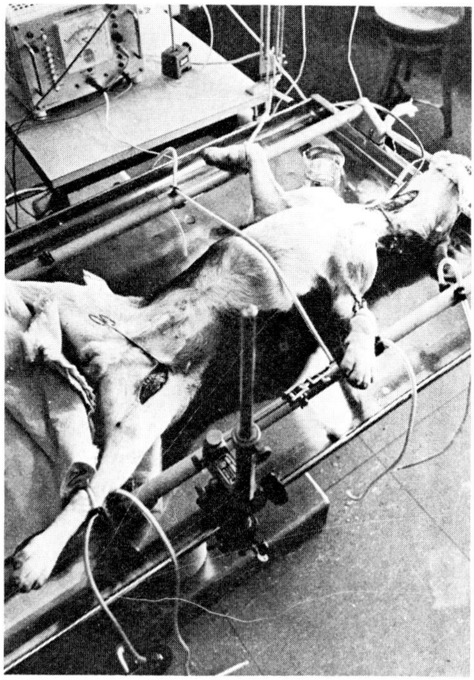

(1) Ein nach einer Herztransplantation am Fußboden gefesselter Hund.

(2) Dieses Bild zeigt einen der raren Fälle, in dem ein Tier narkotisiert ist: ohne Narkose würde es nicht stillhalten und der Experimentator könnte nicht operieren. Bald erwacht das Tier von der Narkose und findet sich gefesselt.

(3) Um herauszufinden, wie viele Kalorien ein Hund verausgabt, wenn er in einer Tretmühle rennt, wurden Hunderte von Hunden geopfert, komplizierte Atmungsventile konstruiert und Hunderttausende von Dollar ausgegeben. In der Beschreibung bemerken die Forscher, daß Hunde, bei denen die Luftröhre offengehalten wird, infolge des angehäuften Schleims sehr oft ersticken; darum wurden Atmungsventile mit einer Innen- und einer Außenröhre in den Kehlkopf der Hunde eingesetzt, so daß die innere Röhre alle acht bis zehn Stunden zum Reinigen herausgezogen werden konnte. Diese Experimente fanden an der kalifornischen Universität UCLA in Los Angeles statt und wurden von den Experimentatoren in *Laboratory Animal Science* (Bd. 22, Nr. 3, 1972) beschrieben.

3

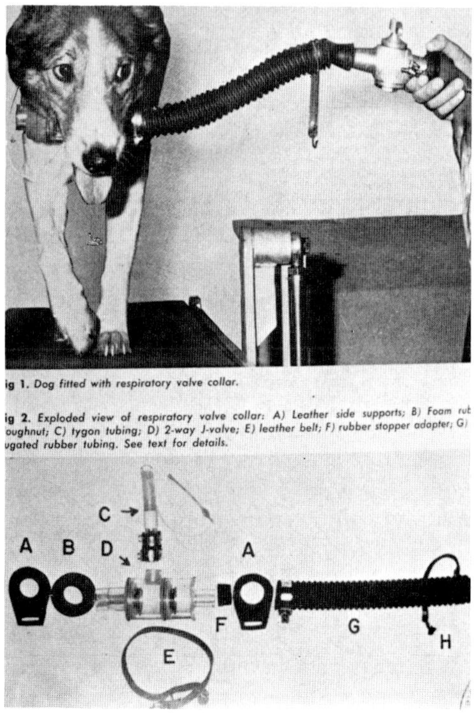

(1) Hund, dem man die Halsschlagader abgeschnürt hat.

(2) Ausgewachsener Foxterrier, vier Tage nachdem man ihm das Rückenmark entfernt hat. (Aus dem Bulletin des Johns-Hopkins-Hospitals)

(3) Hund, dem die Hypophyse (Gehirnanhang) teilweise entfernt wurde und dann noch viele Monate lang lebte. Seit dem Jahr 1886, als Horsley die erste Hypophyseextraktion ausgeführt hat, bis zum heutigen Tage ist auch dieses Gebiet ein wüster Tummelplatz der Labor-Gnomen geworden.

(4) Urinsammlung direkt von der Blase.

(5) Ein angeketteter, am Gehirn operierter, liederlich bandagierter Hund.

(6) Diesen zwei Hunden wurde das Großhirn wegoperiert.

1

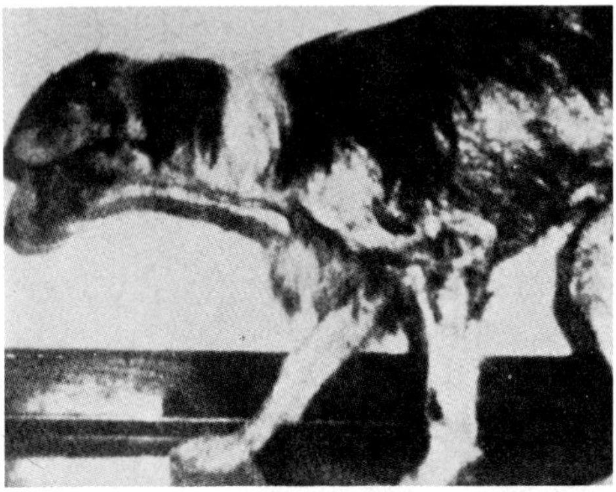

4

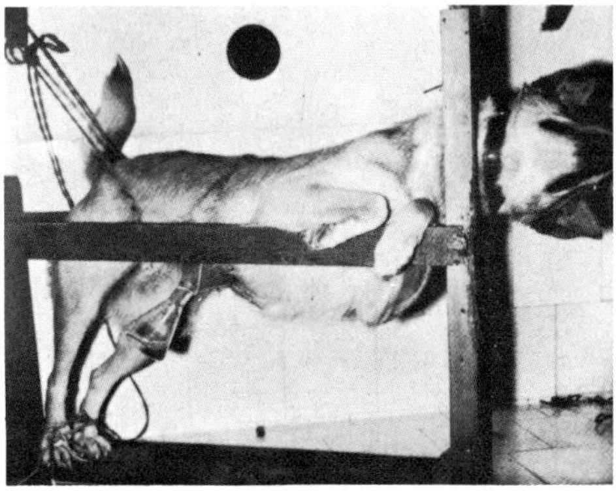

2

5

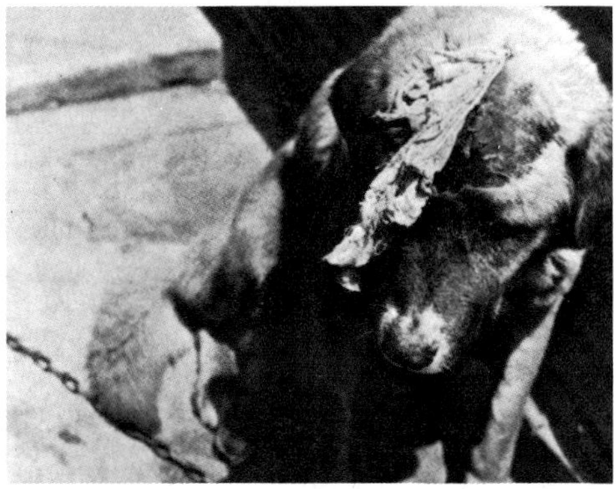

3

6

1

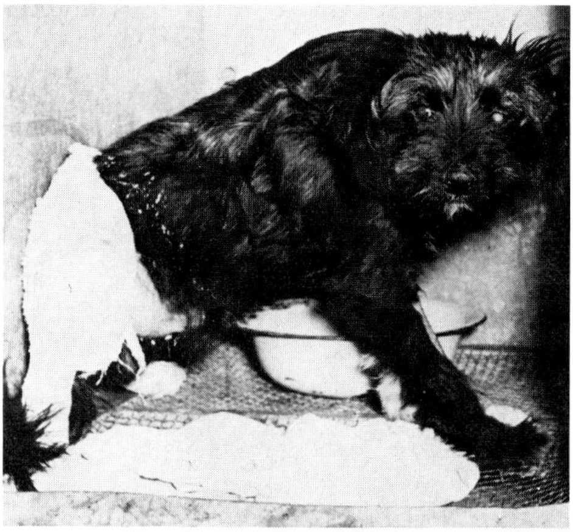

3

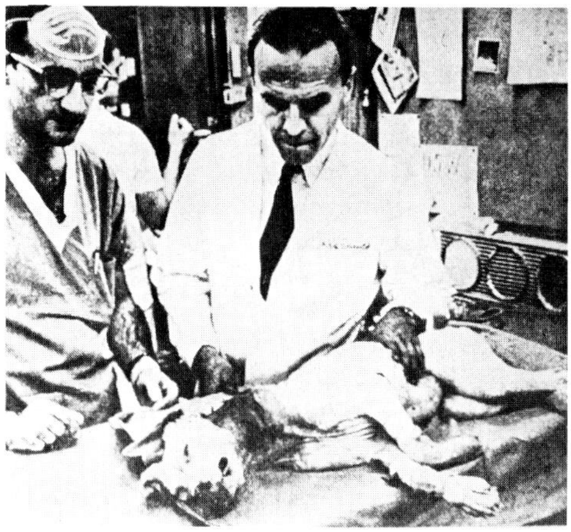

2

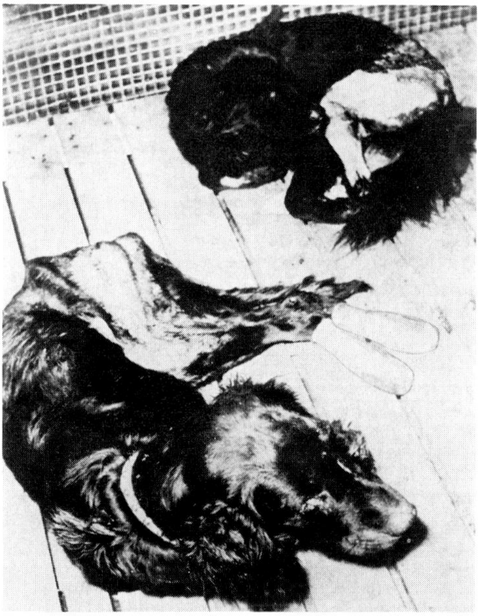

4

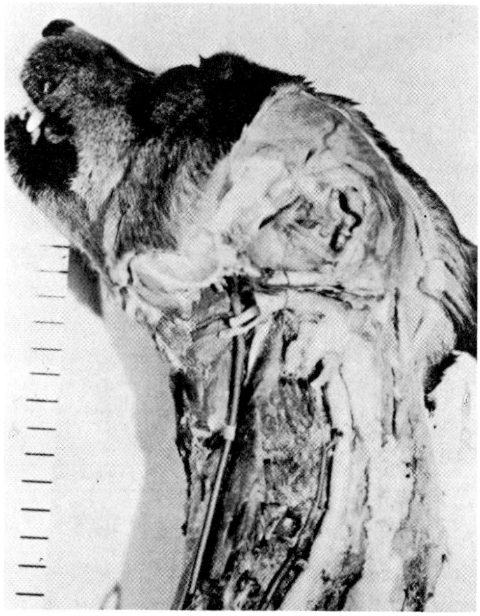

(1) Dieser Versuchshund – Rückenwirbel zerschmettert, die gebrochenen Hinterläufe in Gips – hat sich monatelang nicht niederlegen können; der Käfig war zu klein.

(2) Diese Hunde wurden erst durch Hunger geschwächt, dann wurden ihre Pfoten durch einen Hammer oder mit der »Blalock-Presse« zermalmt, um ihre Schockreaktionen zu erproben. Das währt sei einem halben Jahrhundert bis zum heutigen Tage in Hunderten von »Medizinschulen« und industriellen Laboratorien.

(3) Eine alltägliche Szene: Mit »wissenschaftlicher« Ernsthaftigkeit beobachten zwei amerikanische Forscher den Todeskampf eines Hundes, dem sie ein zweites Herz in den Hals eingepflanzt haben.

(4) Ein unbetäubter Hund mit Kunstadern in einem Laboratorium in der Nähe von London. Das Bild wurde 1973 heimlich aufgenommen, da das Fotografieren und Filmen in britischen Laboratorien vom selben Gesetzgeber verboten ist, der die Vivisektion zuläßt.

Sir Charles Bell, berühmter schottischer Anatom, Physiologe, Chirurg, Professor an den Universitäten von London und Edinburgh, dem die Medizin das »Bell'sche Gesetz« der motorischen und sensiblen Spinalnerven verdankt, eines der wichtigsten der Physiologie, das er ohne Tierversuche entdeckt hat *(s. Nackte Herrscherin):*
»Ich glaube nicht, daß diejenigen, die sich solcher Grausamkeiten schuldig machen, die erforderliche Geistesanlage zur Entdeckung von Naturgesetzen besitzen.«

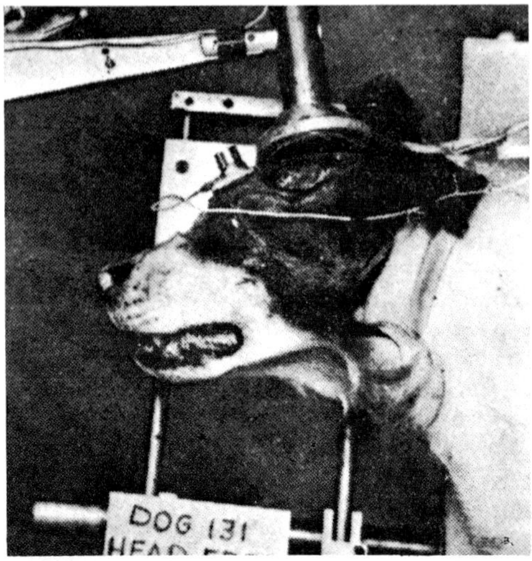

3

1
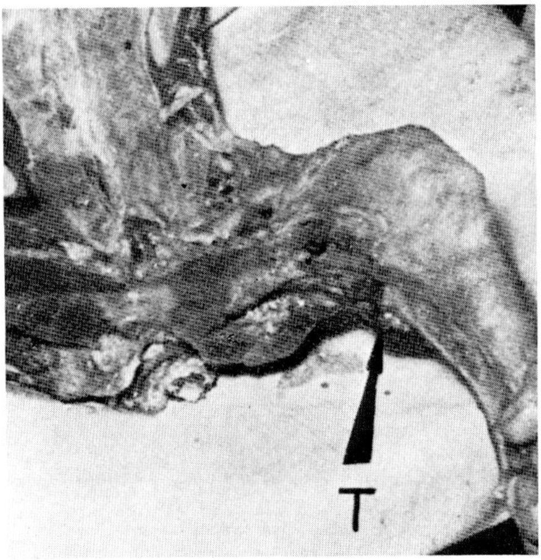

4

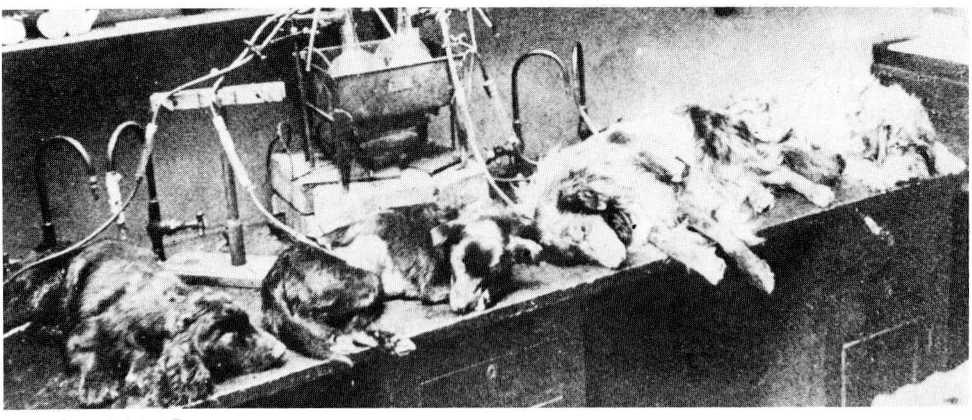
2

1

2

3

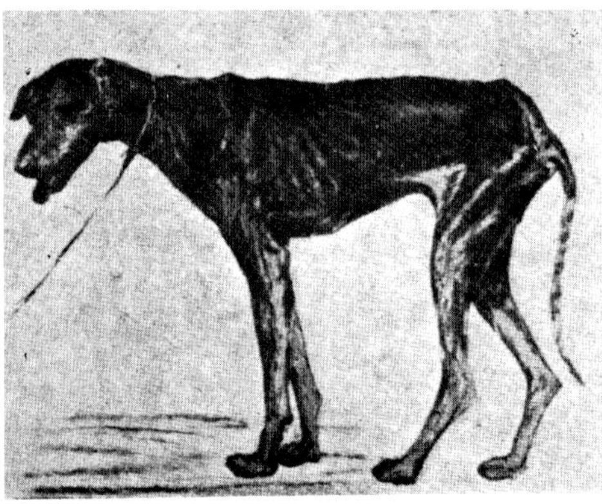

4

(1) Diesem Hund wurde 1971 in Italien eine Vorderpfote in den Brustkasten eingenäht.
(2) Derselbe Hund fünf Jahre später.

Seit anderthalb Jahrhunderten möchten die Forscher wissen, wie lange ein Tier zum Verhungern braucht vor allem, nachdem man ihnen gewisse Drüsen oder andere Organe entfernt oder das Rückenmark durchtrennt hat.

(3) Einer der 40 Hunde, denen der Franzose Richet im vergangenen Jahrhundert nach 30tägigem Fasten die Milz herausoperiert hat.
(4) Ein junger Hund nach 51 Fastentagen im Labor-Stall einer amerikanischen Universität schaut zu, wie die Pfleger anderen Tieren Futter bringen. Auf dem Schild steht: »Nicht füttern. Nur Wasser.«

Zu Bild 1–4, S. 100

(1) Enthäuteter Hund, dem ein Schenkel abgesägt und wieder angenäht wurde, lebte noch fünf Jahre in diesem Zustand.
(2) Diesen Hunden ist der Darm zugenäht worden. Jetzt warten die Gelehrten gespannt darauf, was geschehen wird.
(3) 1966 wurde dieser mechanische Hammer verwendet, um Schädelbrüche zu verursachen. Seither sind zu diesem Zweck raffiniertere Apparaturen entwickelt worden.
(4) Dieser Hund wird jetzt getötet und seziert werden, um zu beweisen, daß der Alkohol, der ihm zwangsweise eingetrichtert worden ist, die Leber geschädigt hat.

(1) Ein hundertjähriger und (2) ein neuerer Bändigungsapparat.
(3, 4) Ein 1973 in einem römischen Spital heimlich aufgenommener, vivisezierter, unbetäubter Hund.

1

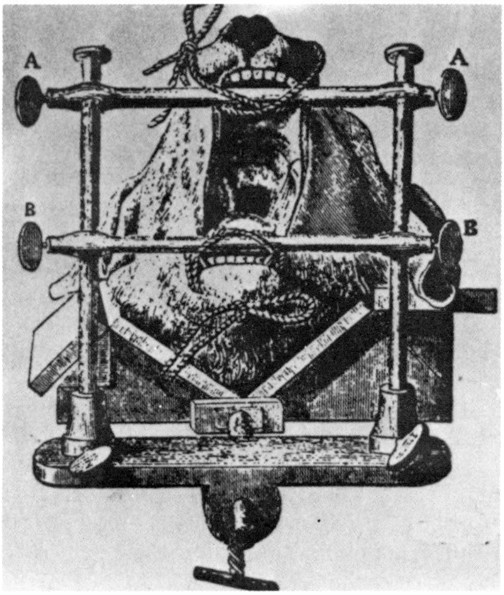

2

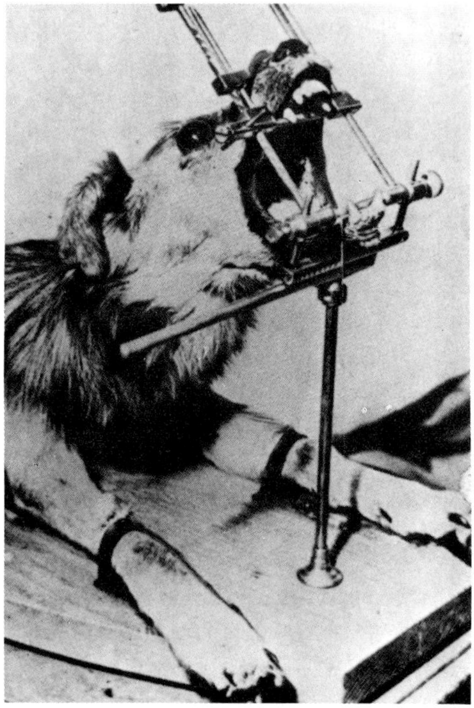

3

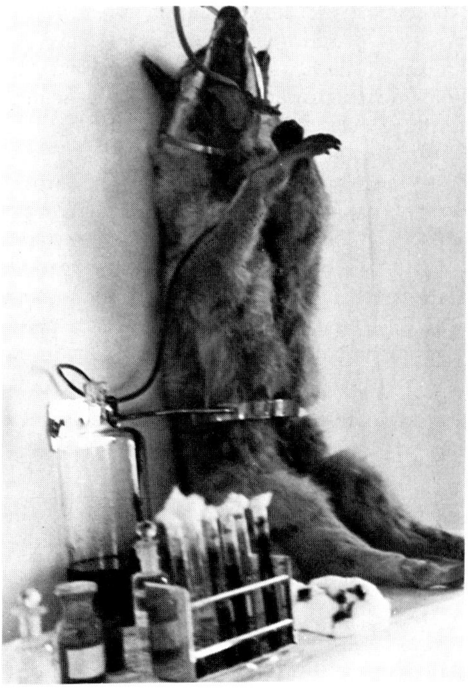

4

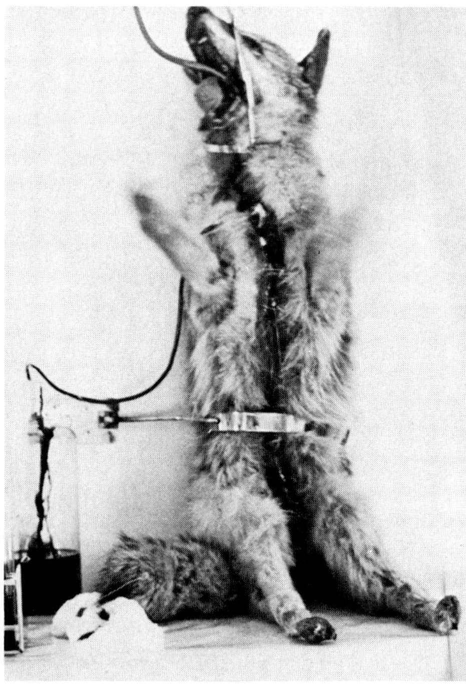

Nobelpreisträger Corneille Heymans

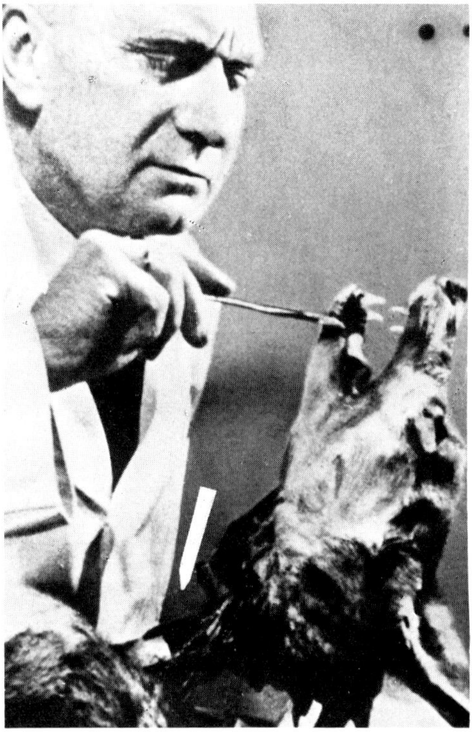

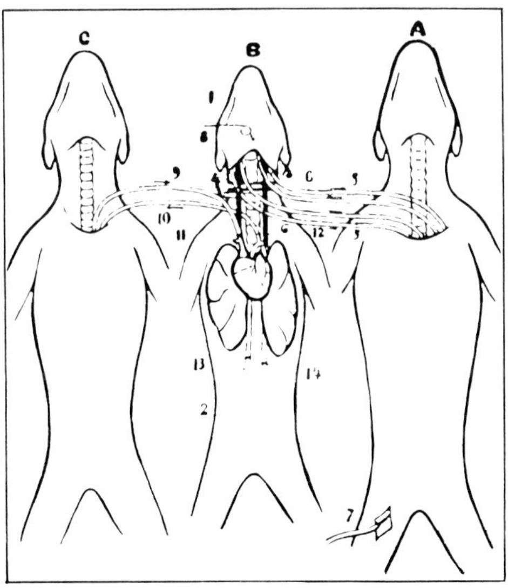

Auf dieses Bild war er stolz, denn er hatte es 1958 im Institut für Pharmakologie und Therapie der belgischen Staatsuniversität in Gent an der Wand hängen.
Es zeigt einen bis auf die Nerven abgetrennten Kopf eines Hundes. Der Kopf wird durch Blut, das aus den Adern eines zweiten Hundes gepumpt wird, am Leben erhalten. Der enthauptete Körper wird durch künstliche Atmung am Leben erhalten. Diese Experimente sollten Studien über den Blutdruck dienen. Der Professor selbst schrieb darüber u.a. in der *Klinischen Wochenschrift* (Nr. 15, 1930):

»Klemmt man die Blutgefäße zwischen Hund C und Kopf B ab oder erstickt man den Hund C, so wird eine Bradycardie (verlangsamte Herzaktion) mit Blutdrucksteigerung im Rumpf B hervorgerufen.«
Heymanns' Kollegen waren begeistert und sicherten ihm 1938 den Nobelpreis. Doch mit der Zeit erwiesen sich auch diese Experimente als total nutzlos außer für den Experimentator selbst, und der Britische Arzt und Medizinhistoriker Dr. M. Beddow Bayly äußerte sich so darüber:
»Nur ein Vollidiot kann glauben, daß solcherart erworbene Erkenntnisse auf den Menschen übertragen werden können. Nur ein moralisch völlig korrupter Wissenschaftler kann ein solches Experiment aushecken und noch dazu ausführen. Selbst wenn die Ergebnisse, die Heymans mit seinen über dreißig Jahre dauernden Tierversuchen erzielt hat, sich als richtig herausstellen sollten, so wäre die medizinische Wissenschaft dem Verständnis des erhöhten Blutdrucks im Menschen um keinen Schritt vorwärts gekommen.«
Die Zeit hat Dr. Beddow Baily recht gegeben: Corneille Heymans hat seinen Kollegen nichts Neues beigebracht, außer, wie man zu einem Nobelpreis kommt.

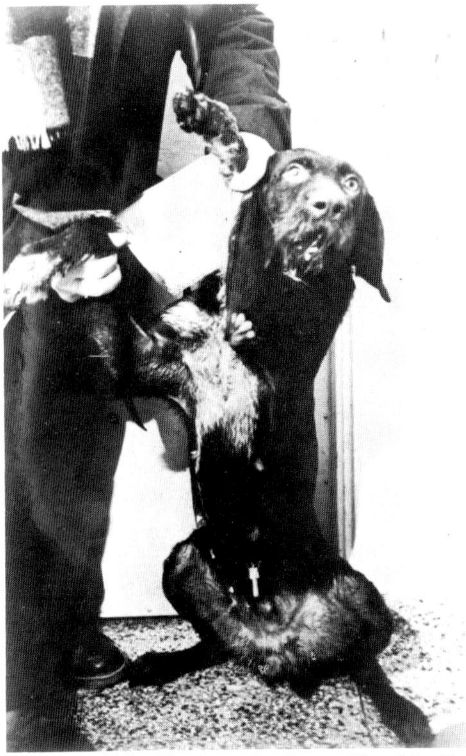

Eine künstliche Fistel wurde diesem Hund in die Bauchspeicheldrüse eingepflanzt.

Tierschützer befreiten „Nana“ aus dem Laboratorium von Servier bei Paris im Jahre 1978, aber sie starb einen Monat später.

Die größte Anzahl Tiere wird in der Schweiz und in der Bundesrepublik für eine angebliche „Arzneimittelsicherheit“ geopfert, die es nicht geben kann, weil Tiere ganz anders reagieren als der Mensch. Sie haben nur eine Alibifunktion.

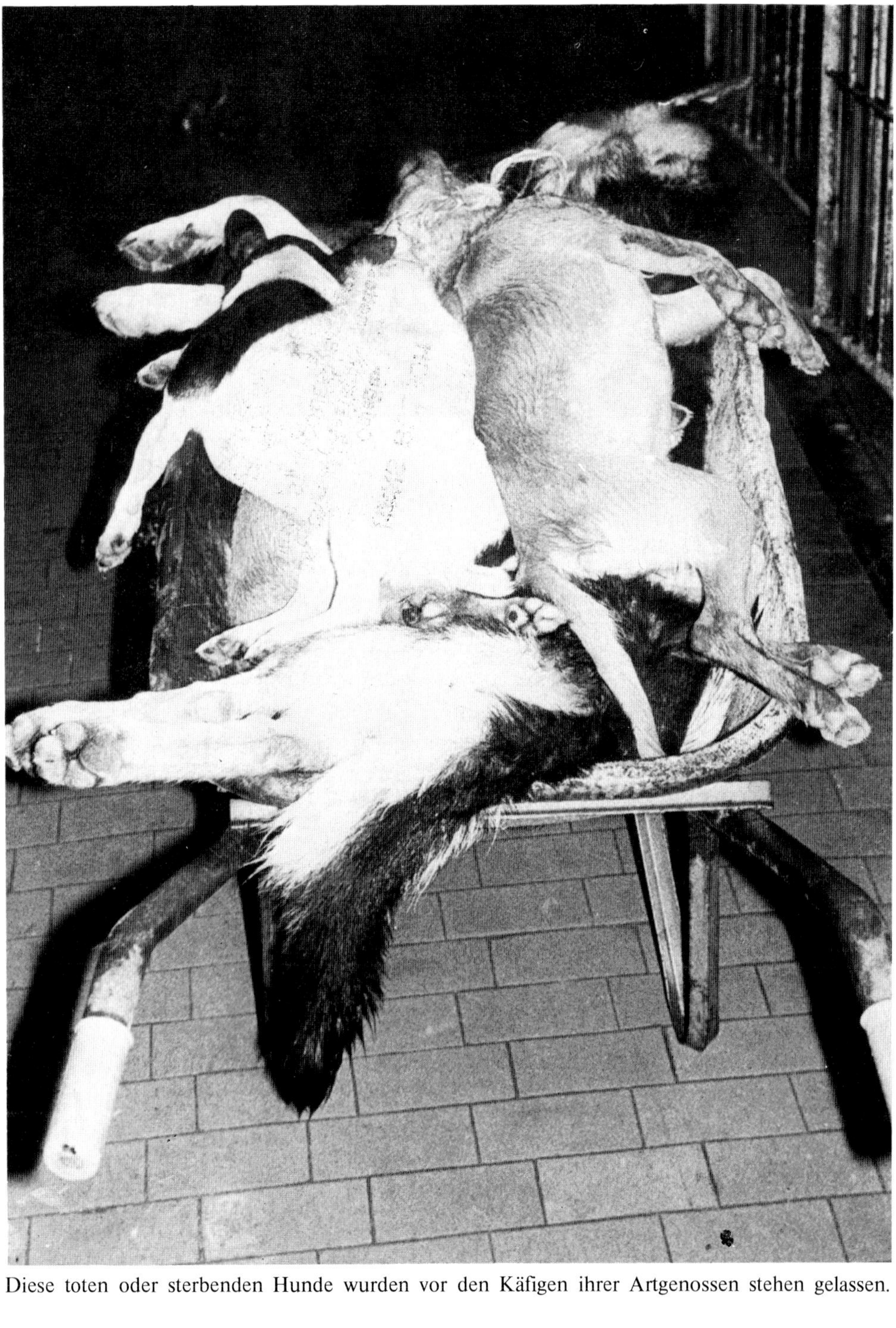

Diese toten oder sterbenden Hunde wurden vor den Käfigen ihrer Artgenossen stehen gelassen.

1

(1) **Ein glänzendes Geschäft**
Eine Zuchtanstalt für Versuchstiere in England. Es werden vor allem Beagle-Hunde und Katzen gezüchtet, die vom Tag der Geburt bis zu dem ihres Todes nie etwas anderes kennen werden, als die Gitter ihrer Käfige und die Gewalttätigkeiten des Menschen. Die drei Basler Pharmariesen haben vor wenigen Jahren gemeinsam eine ähnliche Zuchtanstalt gegründet.

(2) **Einrichtung für Massenfolter**
Hunderten von Kaninchen wird hier das Fieber gemessen, nachdem sie vergiftet worden sind. Dann probiert man »neue« fiebersenkende Drogen an ihnen aus. Diese Tests haben, wie alle anderen auch, nur eine Alibifunktion, um ungestraft »neue« fiebersenkende Medikamente verkaufen zu können, deren Nebenwirkungen auf Menschen unvorsehbar sind; denn Kaninchen reagieren ganz anders. Sie vertragen z.B. den Fliegenpilz, eines der tödlichsten Gifte für den Menschen. Andererseits verursacht Aspirin und Insulin bei ihnen Mißgeburten – Contergan aber nicht!

2
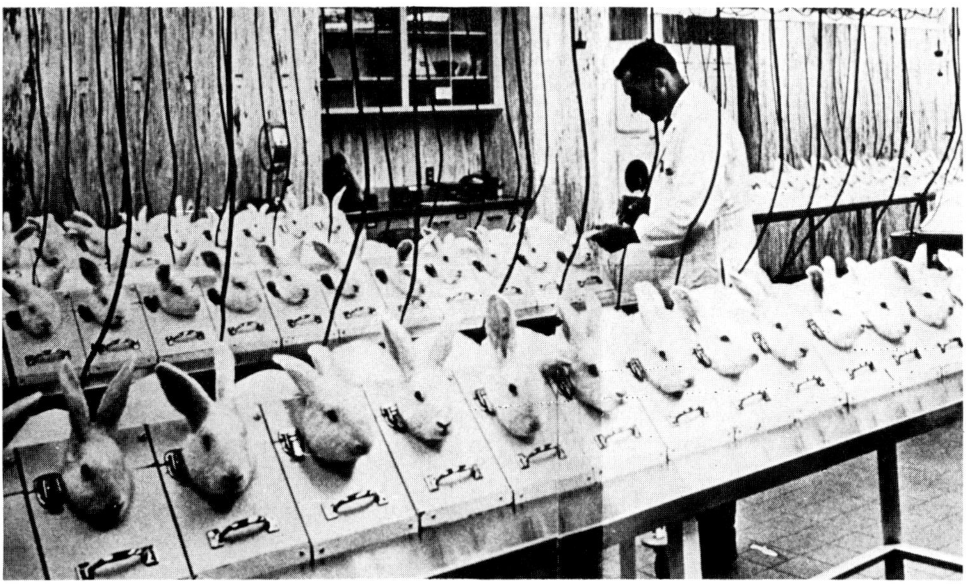

1

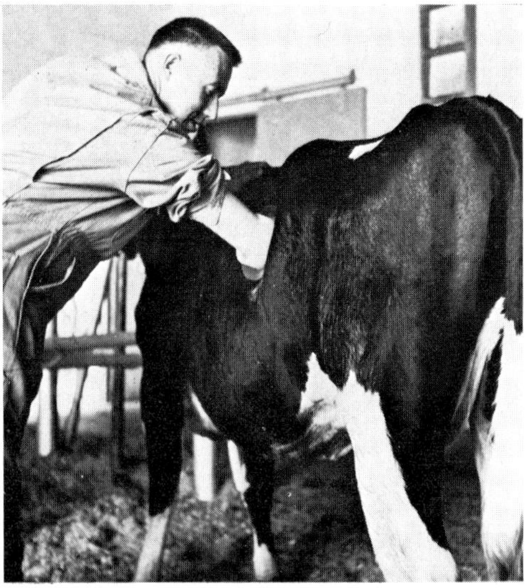

2

3

4

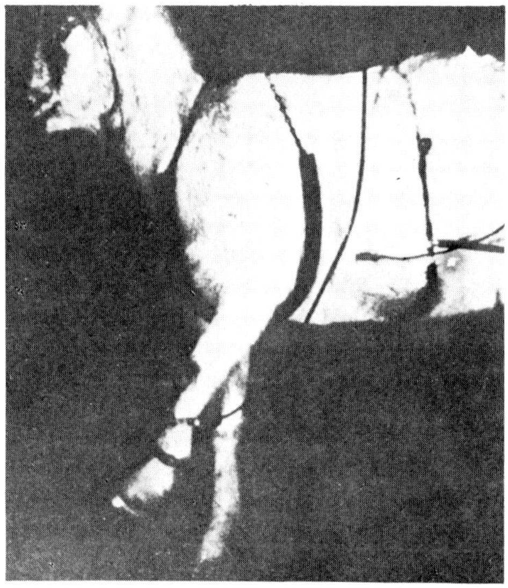

Kein Tier ist vor der Experimentierwut sicher. (1) Dieser Kuh sind die Rippen durchsägt worden, um ihre Magensäfte während der Verdauung zu »kontrollieren«.

(2) Ein Kalb mit einem eingebauten Kunstherz lebte wenige Minuten.

(3) Die Kindsköpfe im weißen Kittel möchten herausfinden, ob Schildkröten wohl träumen. In einem einzigen Jahr wurden allein in den USA 190 000 Schildkröten diesem und ähnlich sinnlosen Zwecken geopfert.

(4) Der Sündenbock. Diese Ziege ist darauf abgerichtet worden, als Antwort auf einen elektrischen Schock und ein »Klick«-Geräusch ein Bein zu heben.
Nach 4286 Wiederholungen war sie so neurotisch geworden, daß sie, wenn sie das Bein auf das »Klick« hin hob, es nicht mehr hinzustellen vermochte, bevor sie den Stromstoß bekam.

(1) Eine der letzten Laborübungen besteht darin, Tausende von Ratten das Gruseln zu lehren. Dann werden sie geköpft und ihre zermalmten Gehirne werden anderen Ratten gefüttert, um herauszufinden, ob durch das Gehirnfutter das Gruseln auf die neuen Ratten übertragbar ist.

(2) Chirurgische Übungen an einem geschorenen Hamster.

(3) Parabiose: Man näht zwei Tiere zusammen, um künstlich siamesische Zwillinge zu bilden – seit hundert Jahren und bis heute mit demselben Mißerfolg, wegen der wohlbekannten Abstoßungsreaktion. Häufig gelingt es den Tieren, sich voneinander zu trennen, wobei Gewebe und Bauchfell zerreißt. Laut *Schweizerische Medizinische Wochenschrift:* Drei Nieren und verschiedene andere Organe werden den zusammengenähten Tieren herausgeschnitten. Das eine Tier wird verbrannt, um zu sehen, wie das andere reagiert. Trächtige Tiere werden zusammengenäht, manchmal werden drei Tiere vereinigt. Das Mitteltier wird wieder losgelöst und mit einem anderen Tier verbunden, usf. Wie verhalten sich die Opfer dieser Psychopathen? Wir erfahren es u.a. von Prof. H. Pfeiffer aus Graz, der in der *Zeitschrift für die gesamte experimentelle Medizin* schrieb: »Da namentlich in den ersten Stunden die Tiere gern übereinander herfallen und sich oft lebensgefährlich verletzen, kann man dies dadurch verhindern, daß man jederseits einen starken Seidenfaden tief durch die Wangengegend und die Muskeln des Unterarmes der entsprechenden Vorderpfote legt und derart anzieht, daß die beiden Schnauzen der Tiere einander weder packen noch beißen können. Der Schmerz hindert dann die Tiere an jeder Bewegung ... Ein bis zwei Tage vor dem Tode wird das früher sterbende Tier von dem andern wie ein Anhängsel herumgeschleppt ... Erst im Verlauf von ein zwei Tagen, nachdem das andere grünfaul geworden ist, erliegt auch es.«

1
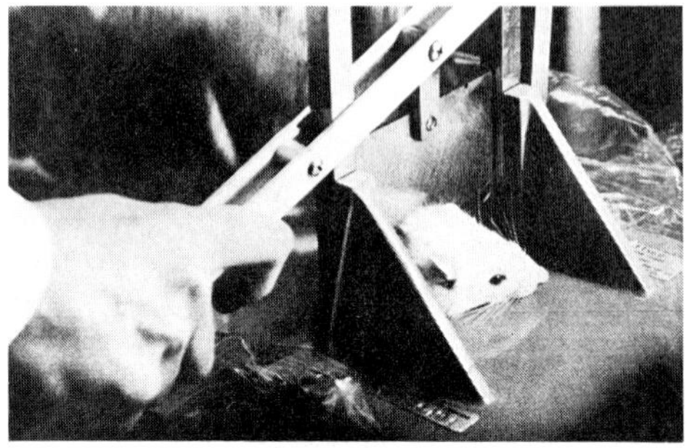

2
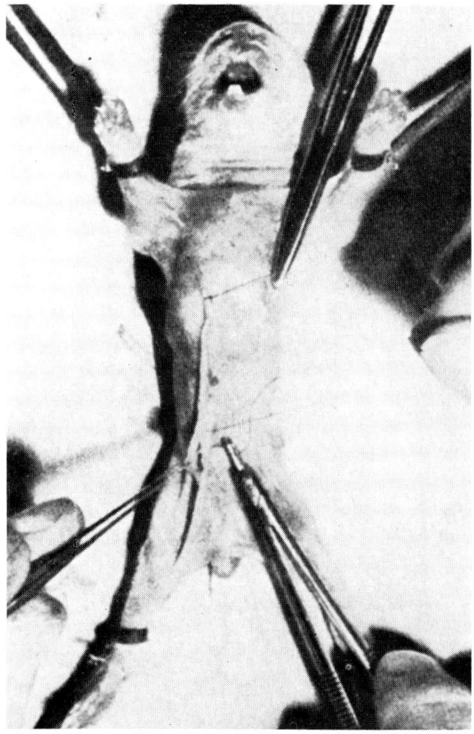

3
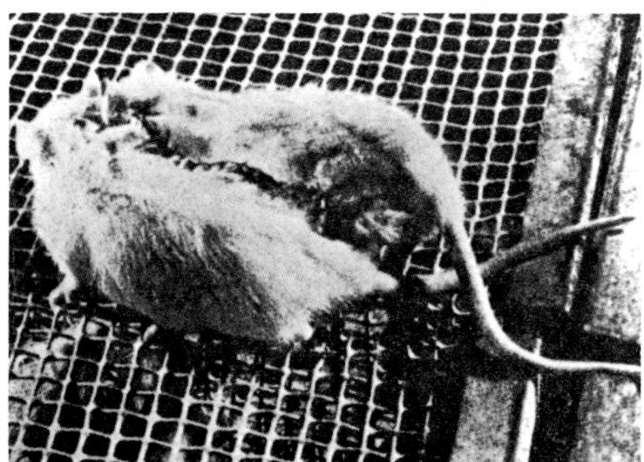

1
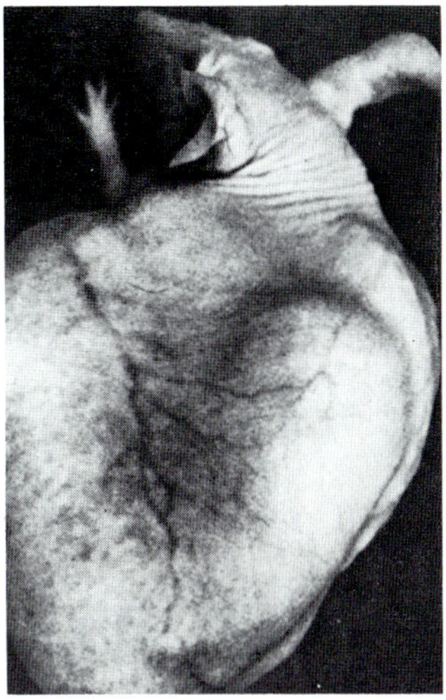
2
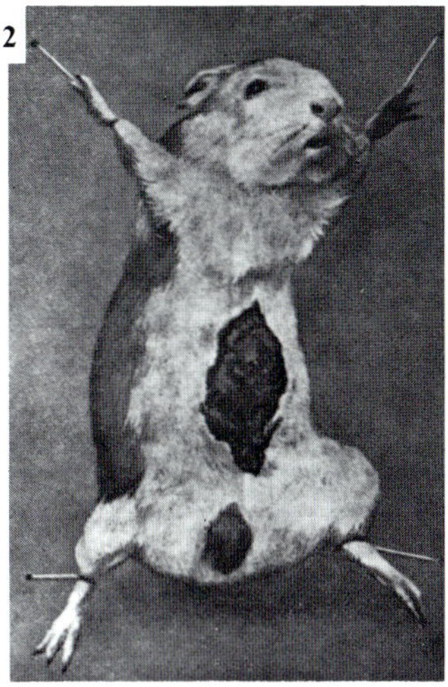

3

(1) Ein künstlich erzeugter Bauchkrebs an einer Maus. (2) Eine künstlich erzeugte Geschwulst in einer Maus; diese Geschwülste können so groß wachsen, daß die Mäuse ihre Pfoten nicht mehr auf den Fußboden auflegen können. (3) Eine von einem Krebs total zerstörte Maus, nur noch der Schwanz ist erkennbar.

Zum Krebsproblem äußerte sich z.B. unter Hunderten von bekannten Medizinern, die der gleichen Meinung sind, Dr. Kenneth Starr, Leiter der Sonderkommission zur Krebsuntersuchung für das Gesundheitsamt in Neusüdwales, in der *Sidney Morning Herald* vom 7. April 1960: »Es ist nicht möglich, die Experimentalergebnisse der Krebsinduktion an Tieren auf den Menschen anzuwenden.«
Und in der angesehensten aller medizinischen Zeitschriften, *The Lancet,* war am 15. April 1972 zu lesen: »Kein Tiertumor ist einer Krebsgeschwulst beim Menschen nahe verwandt.« Die sogenannte »Krebsforschung« ist aber zum einträglichen Geschäft des gesamten CHAV-Kombinats geworden.

Schmerzexperimente an einer Maus (4) und an einem Meerschweinchen (5). »Schmerzexperimente«, so behaupten viele Experimentatoren »sind für das Tier völlig schmerzlos«.

4
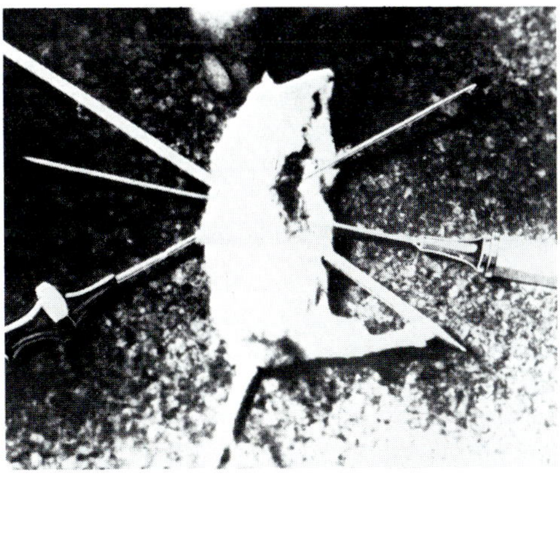
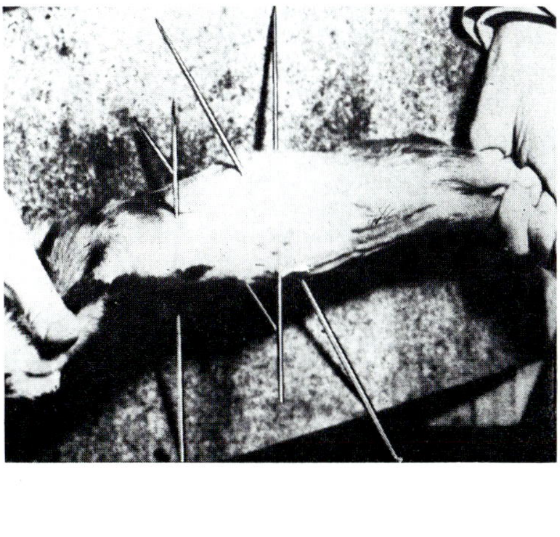
5

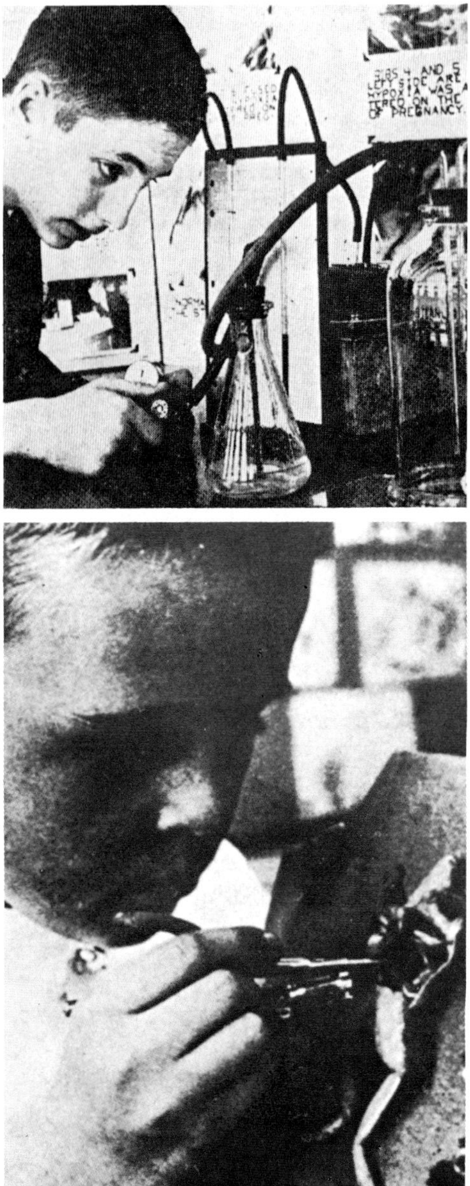

1

(1) So werden von klein auf Vivisektoren aufgezogen. In den USA lernen bereits Primarschüler, lebende Tiere aufzuschneiden. Mit Fröschen fängt es an. Mit Menschen – wenn man größer geworden ist – hört es dann gewöhnlich auf. In Europa auch.

2

Sandoz AG, Basel sucht für die Abteilung Agrotoxikologie einen jüngeren

Natur-wissenschaftler

biologischer Richtung für die Planung, Überwachung und Auswertung von vorwiegend längerfristigen Tierversuchen sowie für die Mitarbeit bei Spezialuntersuchungen im Rahmen der experimentellen Prüfung von Pestiziden und chemischen Neben- und Zwischenprodukten.

Diese Aufgabe bedingt nebst einem abgeschlossenen Studium Erfahrung in Planung und Statistik, Freude am Arbeiten mit Tieren und Interesse an toxikologischen Problemen sowie Englischkenntnisse. EDV-Erfahrung ist erwünscht.

SANDOZ

Sandoz AG, Personalwesen, Ref. 1145
Postfach, 4002 Basel
Tel. 061 24 49 54 (Direktwahl)

(2) So werden Tierexperimentatoren angeworben. Dieses Inserat von einem der Basler Chemieriesen erschien 1978 mehrmals in der Zürcher *Weltwoche*. Man sucht »Naturwissenschaftler«, die an längerfristigen Tierversuchen Freude haben ...

1

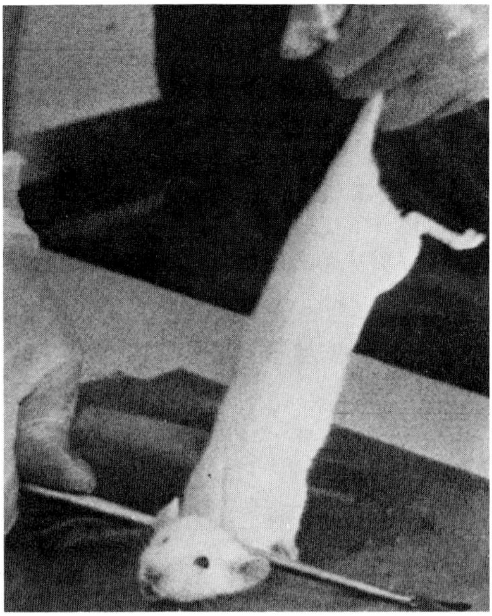

2

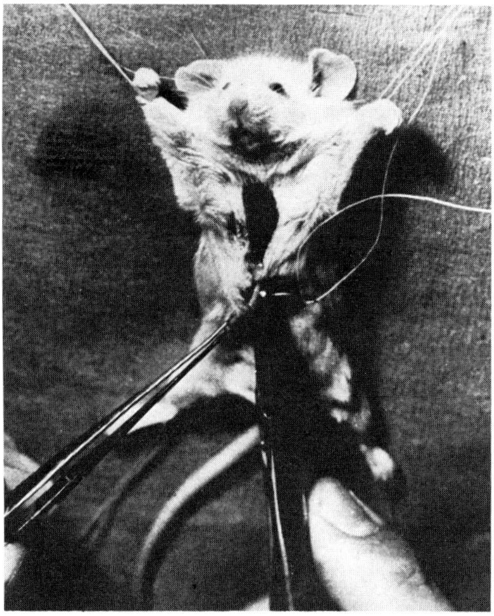

3

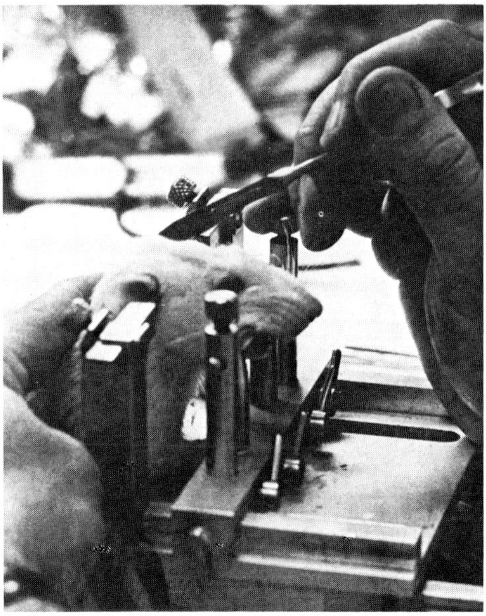

4

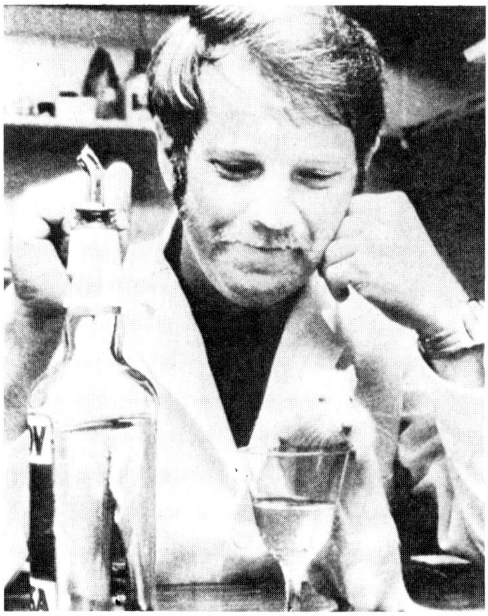

(1) Die korrekte Art, einer Maus das Genick zu brechen.

(2) Eine vivisezierte Maus wird wieder zusammengenäht.

(3) Ein Vivisektor will im Gehirn von unbetäubten Mäusen die Erklärung für seine eigene geistige Verwirrung finden.

(4) Unter dem Vorwand, eine »Kur« für Alkoholiker zu finden, versucht man Mäuse mit Wodka zu Alkoholikern zu machen. Daß der Alkoholismus beim Menschen immer tiefe, psychologische Gründe hat, Mäuse aber von Natur aus Abstinenzler sind, stört unsere »Forscher« nicht.

1

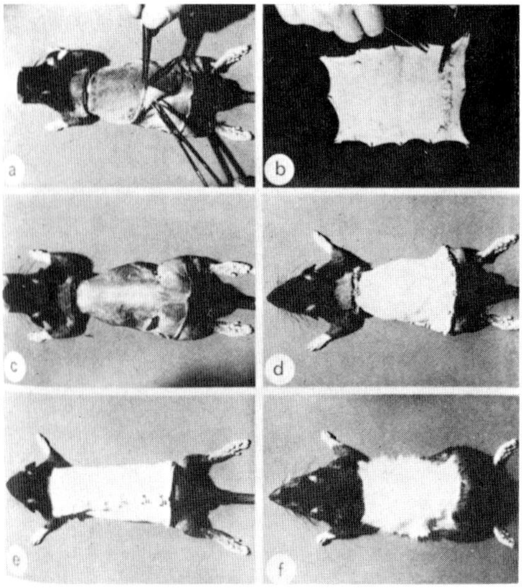

2

3

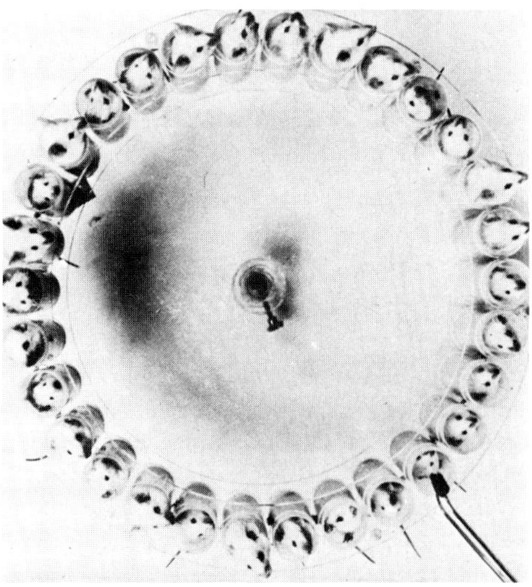

(1) Massive Hautverpflanzungen an Ratten.

(2) Eine Noble-Collip Trommel, seit 1942 in unzähligen Laboratorien im Gebrauch. In den Worten der Erfinder dient sie dazu, »experimentell einen traumatischen Schock ohne Blutung an unbetäubten Tieren zu erzeugen«. Zum Beispiel: »500 Ratten wurden 650 Umdrehungen ausgesetzt. Mehr als 10 % starben in der Trommel. Die anderen Tiere wiesen Quetschungen an den Knochenvorsprüngen, an der Schädelbasis und an der Schnauze auf, die Zähne waren zerschmettert, der Hodensack zerquetscht.«

Vielen Tieren werden nachträglich Drüsen entnommen; dann werden sie wieder in die Trommel gesetzt. Milliarden von Kleintieren sind so bis heute verendet.

(3) Diese Mäuse verenden langsam infolge von Bestrahlungen.

(4) Wie putzt sich wohl eine Maus, wenn sie keine Vorderpfoten hat? Um das herauszufinden, amputierten Forscher der Universität Oregon, USA, einigen Würfen neugeborener Mäuse die Vorderpfoten.

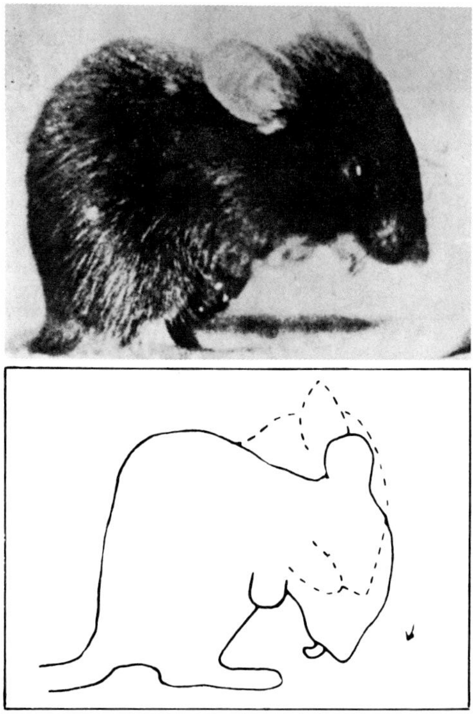

4

1
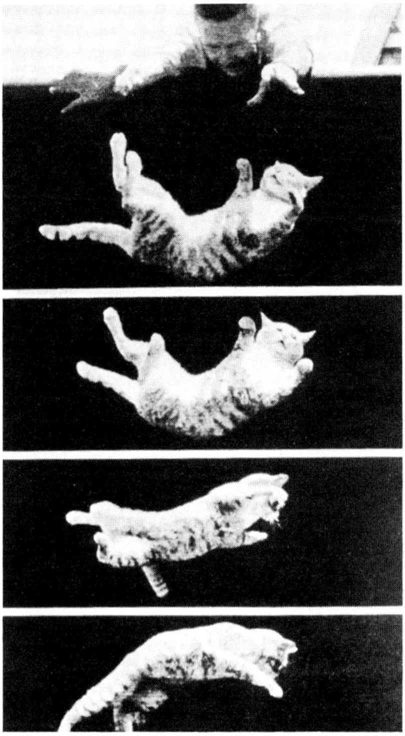

(1) Man möchte sehen, wie eine stürzende Katze auf den Pfoten landet.

(2) Dieses Kätzchen schmiegt sich unbeholfen ans Gitter, um gestreichelt zu werden. Ihm und verschiedenen anderen wurde 1977 in der Medizinischen Hochschule Hannover das Rükkenmark durchtrennt. Jetzt sind sie querschnittgelähmt. Der Pfleger muß ihnen täglich Blase und Darm ausdrücken.

(3) Die Amerikaner haben die Chinesen überredet, die Wirksamkeit ihrer seit Jahrtausenden bewährten Akupunktur erst einmal durch Tierversuche nachzuweisen. Darum werden hier Schmerzexperimente an einer Katze vollführt, indem ihr die Nase verbrannt wird.

(4) Für amerikanische Geflügelzüchter wollten die Gelehrten der Universität Connecticut im Jahr 1977 ungefiederte Hühner produzieren. Die zu diesem Zwecke entwickelte Spezialkost wurde ausgerechnet an den fleischfressenden Katzen ausprobiert, wohingegen Hühner Kornfresser sind. Den Katzen fielen büschelweise die Haare aus, dann gingen sie qualvoll ein. Die Hühner prangen weiterhin im Federkleid.

2

3
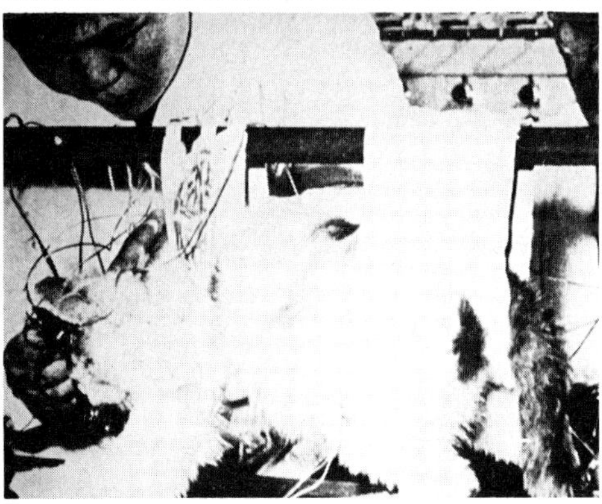

4

1

(1) Dr. William Dement von der kalifornischen Universität Stanford hat an rund 300 Katzen »Schlafstudien« unternommen, indem er sie möglichst lange wach gehalten hat. Er setzte sie inmitten eines mit Wasser gefüllten Beckens auf einen Backstein. Jedesmal wenn der Schlaf die Katze übermannte, wurde sie brüsk aufgeweckt, sobald ihre Schnauze ins Wasser gleitete. Eine ins Gehirn eingeführte Elektrode registrierte die »Gehirnwellen«. Nach 70tägiger Schlaflosigkeit wurde diese Katze verrückt. Im »wissenschaftlichen« Jargon heißt es: »Das Tier zeigte eine tiefgreifende Veränderung seiner Persönlichkeit.« Wie steht es wohl mit der Persönlichkeit des Experimentators? Da scheint jemand einen interessanten Test übersehen zu haben.

(2) Alle 6 Katzen sind bereits mit Kanülen im Gehirn versehen worden. Die ängstlich wachende Mutter braucht man nicht einzuschließen, denn sie wird ihre Kleinen nicht verlassen.

(3) Darstellung einer Katze mit Bauchfenster um den Verdauungsprozeß oder die Schwangerschaft zu verfolgen.
(Aus *Pflüger's Archiv für die gesamte Physiologie)*

2

3

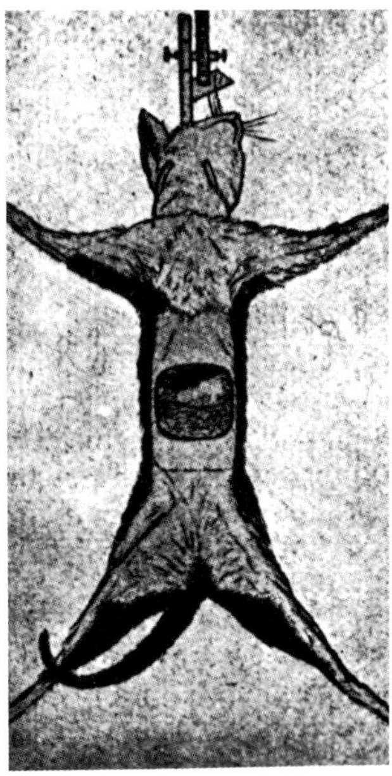

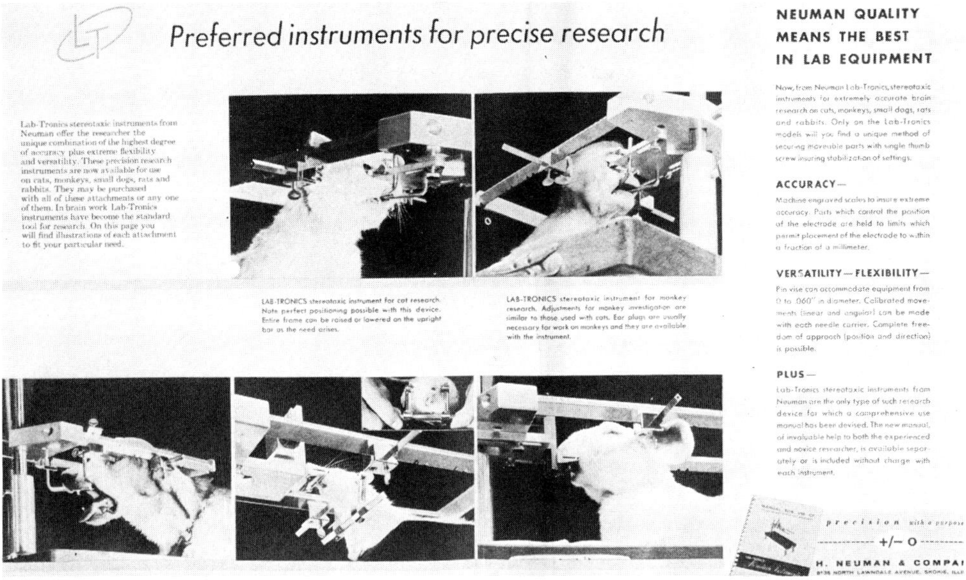

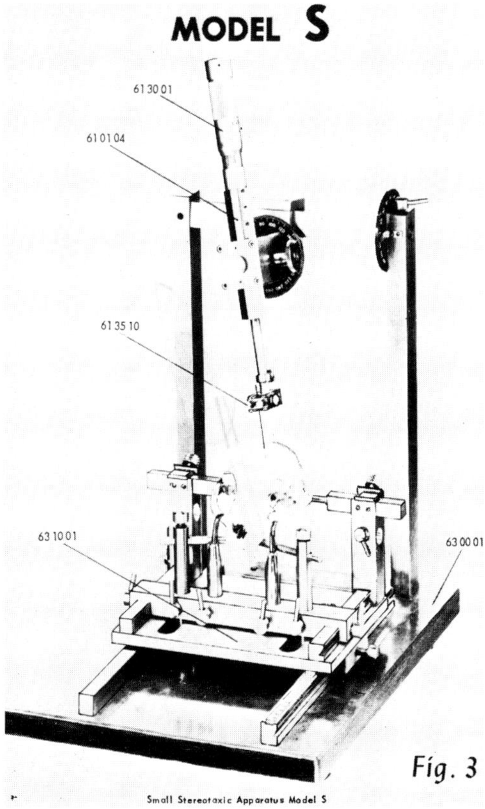

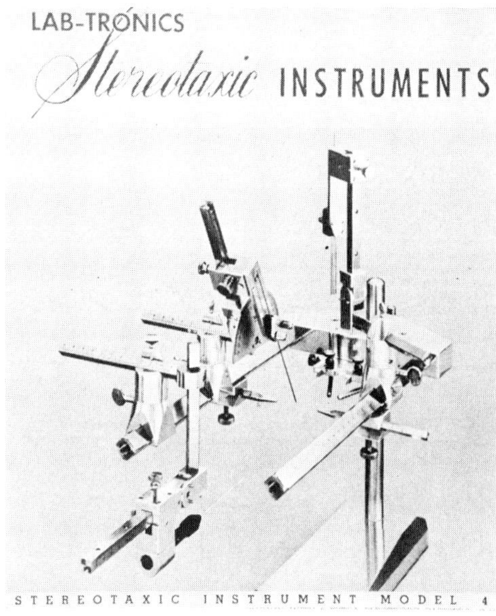

Fig. 3

Aus dem Katalog eines amerikanischen Herstellers von auch in Europa viel gebrauchten stereotaxischen (Bändigungs-)Apparaten. In der Liste der ausländischen Renommierkunden, die der Fabrikant mit seinen Prospekten verschickt, steht u.a. das Pharmakologische Institut Düsseldorf. Ähnliche Apparate werden auch in der Schweiz hergestellt.

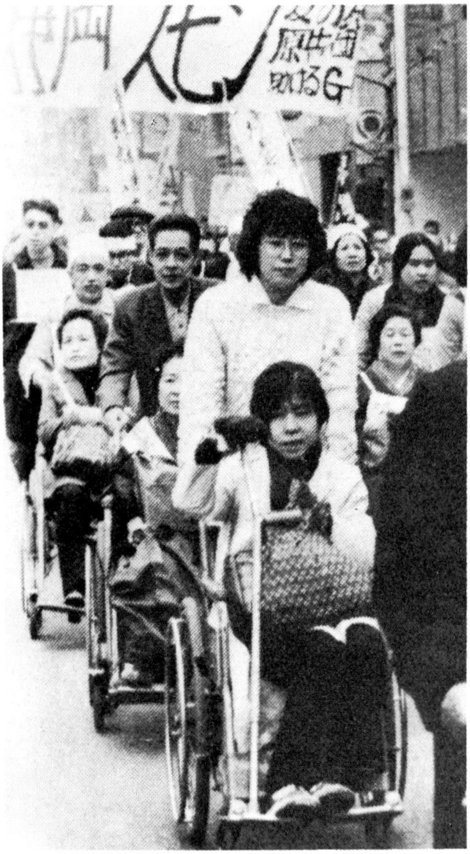

Massendemonstration von erblindeten oder/und paralysierten SMON-Opfern in Tokio.

Über den SMON-Skandal wurde in dieser Schrift nur kurz (auf S. 13) berichtet. Inzwischen ist er größer geworden und wächst täglich weiter. Dr. med. Olle Hansson, Dozent für Kinderneurologie in Göteborg/Schweden, der als Experte zu dem ersten japanischen SMON-Prozeß vom Tokio-Gericht vorgeladen wurde, berichtet darüber in einem Buch, *Arzneimittel-Multis und der SMON-Skandal,* 1979 von A.T.I. Arzneimittel-Informationsdienst GmbH, Berlin, herausgebracht und auch durch CIVIS erhältlich. Der schwedische Professor spricht von einer »programmierten Arzneimittelkatastrophe« und läßt keine Zweifel darüber, daß die Pharma-Riesen über Leichen schreiten (und nicht nur Tierleichen!) des Profits willen. Ciba-Geigy und die vivisektionsfreundlichen Schweizer Medien behaupteten lange Zeit, daß nur Japaner von der SMON-Krankheit befallen wurden, als ob es sich um eine Art »Rassenschuld« handelte. Dr. Hanssons Buch straft sie Lügen. Man erfährt darin auch, daß zahlreiche Katzen von Ciba-Geigy Jahre zuvor qualvoll vergiftet wurden, die Firma das Mittel aber trotzdem auf den Markt brachte. Offenbar wohl wissend, daß Tierversuche keinerlei für den Menschen gültigen Aufschluß geben. Die Resultate wurden geheim gehalten. Die Firma begnügte sich damit, auf dem Begleitzettel vor der Verabreichung des Mittels an Haustieren zu warnen, da es für diese gefährlich sein kann! **Wie lange noch wird die Öffentlichkeit dem Staat und der Pharma-Industrie erlauben, dieses tödliche Gaukelspiel weiter zu treiben?**